21世纪经济管理新形态教材·大数据与信息管理系列

U0113971

Python大数据分析与挖掘
（微课版）

黄　强　李俊华 ◎ 主　编
杨建文　黄　丹 ◎ 副主编

清华大学出版社
北京

内 容 简 介

本书以 Python 3.9 为数据分析与挖掘的工具，课程内容包括基础篇和综合篇。基础篇从 Python 基础知识出发，围绕数据分析与挖掘常用的科学计算包 NumPy、数据处理包 Pandas、数据可视化包 Matplotlib 以及机器学习库 Scikit-learn 进行理实一体化讲练；综合篇聚焦汽车、交通行业案例进行数据分析综合应用，包括新能源汽车运行数据分析、汽车贷款违约概率预测、航空公司客户价值分析，以及吉利汽车用户在线评论数据分析 4 个综合应用案例。

本书遵循从基础到综合应用、理论与实践一体化的编写原则，各章按照"案例驱动"编写模式，体验从问题求解到程序设计的转换过程，适合应用型本科高校工科类、管理类专业学生及其他 Python 数据分析与挖掘爱好者使用。

图书在版编目（CIP）数据

Python 大数据分析与挖掘：微课版/黄强，李俊华主编. —北京：清华大学出版社，2024.2
21 世纪经济管理新形态教材. 大数据与信息管理系列
ISBN 978-7-302-65304-2

Ⅰ. ①P… Ⅱ. ①黄… ②李… Ⅲ. ①软件工具－程序设计－高等学校－教材 Ⅳ. ①TP311.561

中国国家版本馆 CIP 数据核字(2024)第 018780 号

责任编辑：付潭娇
封面设计：汉风唐韵
责任校对：王荣静
责任印制：刘海龙

出版发行：清华大学出版社
　　　网　　址：https://www.tup.com.cn，https://www.wqxuetang.com
　　　地　　址：北京清华大学学研大厦 A 座　　　　邮　编：100084
　　　社　总　机：010-83470000　　　　邮　购：010-62786544
　　　投稿与读者服务：010-62776969，c-service@tup.tsinghua.edu.cn
　　　质　量　反　馈：010-62772015，zhiliang@tup.tsinghua.edu.cn
　　　课　件　下　载：https://www.tup.com.cn，010-83470332
印　装　者：涿州汇美亿浓印刷有限公司
经　　销：全国新华书店
开　　本：185mm×260mm　　　印　张：11.25　　　字　数：254 千字
版　　次：2024 年 2 月第 1 版　　　印　次：2024 年 2 月第 1 次印刷
定　　价：49.00 元

产品编号：101112-01

前言

当前是大数据的时代。各行各业的生产生活都会产生大量数据，大数据的获取与预处理、存储与管理、数据分析与建模，以及数据可视化等大数据应用越来越受到重视。Python基于面向对象、解释性、可移植性以及开源易学等特点进行数据分析与挖掘，容易入门，易于推广，是人们工作和生活的称手工具。

本书以应用为导向，遵循读者认知规律，从基础到综合应用，各章以"案例驱动"导入，遵从理论与实践一体化的编写原则。基础篇为第1～5章。第1章介绍数据分析与挖掘以及Python基础知识，使读者掌握数据分析与挖掘的联系与区别、Anaconda与Spyder的安装和使用方法、Python内置6种数据类型及常用操作、流程控制语句、函数定义与调用等基本编程方法；第2章介绍了Python用于科学计算与简单统计分析的NumPy包；第3章重点介绍了Python用于数据预处理与统计分析的Pandas包，利用Pandas包不仅可以进行数据读取与预处理，还能进行分组聚合、透视表、交叉表等统计分析；第4章主要介绍了Python用于数据可视化的Matplotlib包，主要包括数据可视化常见的图表、Matplotlib绘图流程以及典型基础图表、高级图表及3D图表的绘制；第5章介绍Python用于机器学习的Scikit-Learn库，包括数据预处理、数据降维、回归、分类、聚类相关的机器学习算法原理与应用。综合篇为第6～9章。每章对应一个综合案例，综合案例聚焦汽车、交通行业领域，包括新能源汽车运行数据分析、汽车贷款违约概率预测、航空公司客户价值分析，以及吉利汽车用户在线评论数据分析。各章案例讲解从需求分析、数据加载与预处理、数据分析与建模及数据可视化4个步骤相对完整地进行，使读者可以全面地掌握应用Python进行具体领域的数据分析与挖掘的方法。

本书的出版得到了吉利学院"教学质量工程"（校级品牌课程项目）的资助。本书所有程序均采用Anaconda3集成的Spyde（Python 3.9）进行编写且全部编译通过。书中所有章节教学大纲、课件、案例数据、程序代码、思政元素目录、即测即练题库等配套资源均由清华大学出版社提供下载方式。由于编者水平有限，加之时间仓促，书中难免会有疏漏之处，恳请广大读者批评指正，将意见反馈至邮箱：1450691104@qq.com。

编　者
2023 年 6 月

目 录

基 础 篇

综合应用篇

基础篇

## 第1章

Python数据分析与挖掘基础

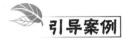

引导案例

聪明能干的宰相达依尔

相传古代印度国王舍罕要褒奖他的聪明能干的宰相达依尔（国际象棋发明者），问他要什么。达依尔回答："陛下只要在国际象棋棋盘的第1个格子上放1粒麦子，第2个格子上放2粒麦子，以后每个格子的麦子数都按前一格的两倍计算。如果陛下按此法给我64格的麦子，就感激不尽，其他什么也不要了。"国王想："这还不容易！"于是，国王让人扛了一袋麦子，但很快用光了，再扛出一袋还不够。请你为国王算一下共要给达依尔多少粒麦子？如果$1 m^3$能装约$1.4×10^8$粒麦子，需要多大体积才能装下国王给达依尔的麦子？

1.1　数据分析与挖掘简介

数据分析可以分为广义的数据分析和狭义的数据分析，广义的数据分析就包括狭义的数据分析和数据挖掘。以下是两者的含义、主要联系和区别。

1.1.1　狭义的数据分析与数据挖掘的含义

视频 1.1　数据分析与挖掘简介微课视频

数据分析（data analysis）是指用适当的统计分析方法对收集来的数据进行分析，将它们加以汇总、理解并消化，以求最大化地开发数据的功能，发挥数据的作用。数据分析可划分为描述性数据分析、探索性数据分析、验证性数据分析。

数据挖掘（data mining）是指从大量的数据中，通过统计学、人工智能、机器学习等方法，挖掘出未知的且有价值的信息和知识的过程。

1.1.2　数据分析与数据挖掘的主要联系与区别

两者的联系：

两者都是以数据为支撑，利用统计学、计算科学、可视化图表工具等知识，开发数据的价值，发挥数据为经营决策服务的作用。

两者的区别：

（1）"数据分析"的重点是从数据中发现"内在规律"，而"数据挖掘"的重点是从数据中发现"知识规则"。

（2）"数据分析"过程需要基于业务理解进行人工建模，而"数据挖掘"过程可以基于机器学习完成数据建模。

（3）"数据分析"得出的结论一般是一个指标统计量结果，而"数据挖掘"得出的结论是机器从训练数据集发现的模型或知识规则。

1.1.3　数据分析与数据挖掘的一般流程

数据分析的一般流程包括明确数据分析需求、数据采集、数据处理、数据分析、数据展现，以及撰写数据分析报告，如图 1-1 所示。

（1）明确数据分析需求：数据分析的首要任务是明确数据分析的目标，确定数据分析的目的、过程以及方法。

（2）数据采集：通过一定的渠道和工具收集数据，是数据分析工作的基础。

（3）数据处理：通过一定的工具对采集到的数据中的噪声数据进行清洗、合并、转换等处理。

（4）数据分析：通过一定的分析手段、方法和技巧对处理后的数据进行探索、分析，从中发现因果关系、内部联系和业务规律。

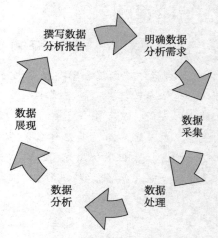

图 1-1　数据分析一般流程

（5）数据展现：借助图、表等可视化的方式直观的展示数据之间的关联信息，使得抽象的数据变得更加清晰、具体，易于观察，便于决策。

（6）撰写数据分析报告：以特定的形式将数据分析的过程、结果完整呈现出来，图文并茂，层次明晰，直观地看清楚问题和结论，便于需求者了解情况。

数据挖掘的一般流程包括数据收集、数据清洗、特征选择、模型构建、模型评估、模型应用，如图 1-2 所示。

（1）数据收集：通过一定的方式和工具从各种不同的数据源收集数据，收集的数据可能包括结构化数据、文本数据和图像数据等。

（2）数据清洗：通过一定的方式和工具对收集到的数据进行缺失值、异常值处理，格式统一处理等。

（3）特征选择：从给定的特征集中，按照一定准则选择出具有良好类别区分特性的子集,以提高学习效率或改善学习性能。

（4）模型构建：根据已选择的特征，利用机器学习技术来构建统计模型的过程。

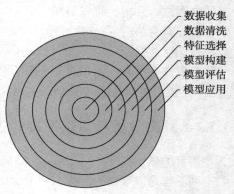

图 1-2　数据挖掘一般流程

（5）模型评估：通过一定的方法对机器学习算法训练得到的具体模型进行评估。当模型评估结果并不满足业务需求时，需要进行超级参数的调优以及尝试其他算法。

（6）模型应用：当模型的信度和效度已符合业务需求时，可以将该模型实现并部署在应用系统中，解决实际问题。

1.1.4 Python 数据分析与挖掘的优势

数据分析与挖掘的过程需要借助一定的工具，如 Excel、SQL、Power BI、SPSS、Python 等。利用 Python 进行数据分析与挖掘的优势在于以下 3 个方面。

（1）Python 是一种面向对象的脚本语言，其简单易学、开源免费，已成为当今最流行的编程语言。

（2）拥有强大的数据分析与挖掘第三方库功能，以及完备的社区生态。

（3）良好的可扩展性、可嵌入性和跨平台性。

1.2 Python 开发环境

Python 程序开发一般包含两部分，即编写 Python 程序和运行 Python 程序，所以一个 Python 开发环境主要包含两个部分：编辑 Python 代码的编辑器和运行 Python 代码的解释器。Python 的集成开发环境（integrated development environment，IDE）有很多，不同的开发环境其配置难度与复杂度也不尽相同，最常用的有 PyCharm、Spyder、Jupyter Notebook 等。其中，Spyder 是一个免费、开源、科学的 Python 开发环境，由 Python 语言编写，非常适合科学家、工程师和数据分析师使用。Anaconda 是开源的 Python

视频 1.2 Python 开发环境微课视频

发行版本，目的是将 Python 引入商业数据分析，拥有 Conda、Python、NumPy、Pandas、Matplotlib、Scikit-learn 等数据分析与挖掘所需要的库和包。而 Spyder 已经作为 Anaconda 一个组件而存在。

1.2.1 安装 Anaconda

登录 Anaconda 官方网站：www.anaconda.com，或者清华大学开源软件镜像站：https://mirrors.tuna.tsinghua.edu.cn/anaconda/archive/?C=N&O=D，下载操作系统（Windows/ Mac/Linux）匹配的安装包，本书以官方网站下载 Windows 版为例，如图 1-3 所示。

双击下载的安装文件，依次单击 <u>N</u>ext >→I <u>A</u>gree→Just Me→<u>N</u>ext >，进入更改安装路径窗

图 1-3　Anaconda 下载

口，如图 1-4 所示。然后，勾选 Register Anaconda as the system Python 3.6，单击 Install 即可安装。

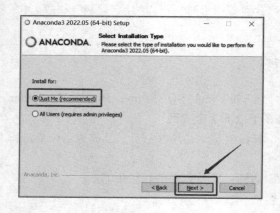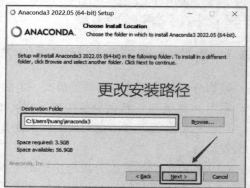

图 1-4　Anaconda 安装、选择"Just Me"及更改安装路径

Anaconda 安装成功后，单击开始菜单，查看 Anaconda3 目录，可以看到 Anaconda Navigator、Anaconda Prompt、Jupyter Notebook、Spyder 等组件。Navigator 是 Anaconda 发行版的可视化管理界面，允许用户在不使用命令行命令的情况下启动应用程序并轻松管理 conda 包、环境和通道。Prompt 是一个 Anaconda 的终端，可以使用命令行命令便捷地操作 conda 环境。Jupyter Notebook 是基于网页的用于交互计算的应用程序，常用于 Python 开发。Spyder 是一个强大的 Python 科学集成开发环境（IDE）。

1.2.2　认识 Spyder

从开始菜单中 Anaconda 目录下单击 Spyder(Anaconda3)进入 Spyder，单击菜单栏中 Tools 选项，依次选择 Preferences→Application→Advanced Settings，将 Language 由默认的 English 设置为"简体中文"，如图 1-5 所示，单击 Apply，然后同意重启 Spyder，使设置生效。

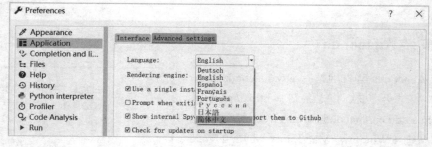

图 1-5　设置 Spyder 语言为简体中文

单击菜单栏中"查看"选项，依次选择"窗口布局"→"Matlab 布局"（图 1-6），将 Spyder 窗口设置为类 Matlab 风格或其他风格，如图 1-7 所示。

图 1-6　设置 Spyder 窗口布局为 Matlab 布局

图 1-7　Matlab 布局窗口

（1）Spyder 窗口左上角工具栏允许快速访问 Spyder 中一些最常见的命令，如运行、保存和调试文件。

（2）Spyder 窗口右下角状态栏显示了当前的 Python 环境、git 分支、内存使用情况以及当前活动文件的各种属性。

（3）Spyder 窗口共有 6 个窗格，可以通过单击每个窗格右上角的汉堡包图标来显示每个窗格的选项菜单。它包含与窗格相关的有用设置和操作。

（4）在窗格上的任何地方单击鼠标右键，可以显示窗格的右键菜单。菜单显示与光标下的元素相关的操作。

（5）"编辑器"窗格可以创建、打开和编辑文件。它包含一些有用的功能，比如自动完成、实时分析和语法高亮显示，如图 1-8 所示。

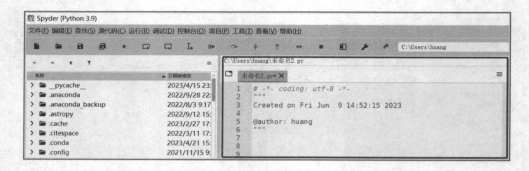

图 1-8　编辑器窗格

（6）"IPython 控制台"窗格允许从编辑器或交互地运行代码。还可以使用它来控制 Spyder 的调试器。

（7）"帮助"窗格显示了在编辑器或 IPython 控制台中使用的对象的文档。在这里你可以通过在编辑器或者终端中按 Ctrl+I 来获得任何对象的帮助信息。

（8）"历史"窗格可以查看在"编辑器"和 IPython 控制台输入的历史记录。

（9）"变量资源管理器"允许浏览在运行代码时生成的对象并与之交互。双击一个变量将打开一个专门的查看器，允许检查它的内容。

（10）"绘图"窗格显示在代码执行期间创建的图形和图像。它允许浏览、缩放、复制和保存生成的绘图。

（11）"文件"窗格可以浏览计算机上的目录，在"编辑器"中打开文件，并执行各种其他操作。

1.3　Python 数据类型及常用操作

视频 1.3　Python 数据类型及常用操作微课视频

　　Python 是面向对象的编程语言。Python 程序中的所有数据都是由对象或对象间关系来表示的。每个对象都有各自的标识号、类型和值，其中标识号可以理解为对象在内存中的地址，对象的类型决定该对象所支持的操作并且定义了该类型的对象可能的取值。

　　Python 对象的类型有很多，包括内置类型和扩展模块定义的类型。本节主要介绍内置类型中常用的 6 种基本类型及常用操作，分别是数字类型（整型、浮点型）、序列类型（字符串、列表、元组）、集合类型（集合）以及字典类型（映射）。列表、元组、字典和集合称为数据容器或数据结构，通过数据容器或数据结构可以把数据元素按照一定的规则存储起来。这些数据元素可以是数字、字符串、列表等数据类型中的一种或多种。

　　Python 程序的编写或应用就是通过操作数据容器中的数据，比如利用数据容器本身的方法，或者利用顺序、条件、循环语句，或者程序块、函数等形式，实现数据的处理、计算，最终达到应用目的。

1.3.1 数字类型及常用操作

1. 数字类型

数字类型对象是不可变的，一旦创建其值就不再改变。Python 中的数字非常类似数学中的数字。数字类型主要区分整型数、浮点型数。整型数又可细分为整型（int）和布尔型（bool），整型用来表示整数，布尔型表示逻辑值 True 和 False，分别对应整型的 1 和 0，浮点型（float）用来表示实数。数字是由数字字面值或内置函数与运算符的结果来创建的。创建数字类型的示例代码如下。

```
n1=200              #整型
n2=100.3            #浮点型
n3=float(60)        #整型转换为浮点型
t=True              #布尔型（真）
f=False             #布尔型（假）
```

执行结果如图 1-9 所示。

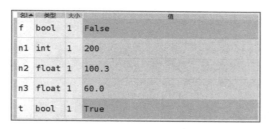

图 1-9　创建数字类型对象

2. 数字类型常用操作

整型数与浮点型数均支持常见的运算符与数值函数运算。如表 1-1 所示。

表 1-1　数字类型常用操作

运　算	结　果
x + y	x 与 y 的和
x - y	x 与 y 的差
x * y	x 与 y 的乘积
x / y	x 与 y 的商
x % y	x / y 的余数
abs(x)	x 的绝对值或大小
int(x)	将 x 转换为整数
float(x)	将 x 转换为浮点数
x ** y	x 的 y 次幂

注：数字类型更多运算及运算符优先级详见 Python3.9 官方中文文档：https://docs.python.org/zh-cn/3.9/library/stdtypes.html#numeric-types-int-float-complex。

1.3.2　序列类型及常用操作

字符串（str）、列表（list）和元组（tuple）均属于序列类型。

1. 字符串类型

字符串（str）是 Python 中处理文本数据的类型，是不可变序列。字符串字面值有多种不同的写法。

- 单引号:'允许包含有 "双" 引号'。
- 双引号:"允许嵌入 '单' 引号"。
- 三重引号: '''三重单引号''', """三重双引号"""。

使用三重引号的字符串可以跨越多行——其中所有的空白字符都将包含在该字符串字面值中。创建字符串类型的示例代码如下。

```
str1='hello world!'              #使用一对单引号创建
str2="I like Python!"            #使用一对双引号创建
str3=str('Hi,Jack')             #使用 str()函数创建
```

执行结果如图 1-10 所示。

名称▲	类型	大小	值
str1	str	12	hello world!
str2	str	14	I like Python!
str3	str	7	Hi,Jack

图 1-10　创建字符串类型对象

2. 列表类型

列表（list）是可变序列，用方括号括起来进行定义，元素与元素之间用逗号隔开。列表中的元素可以是数值、字符串、列表、元组等任何类型，并且在同一个列表中，元素的类型可以不同，但通常是同种类型。创建列表的示例代码如下。

```
list1=[]                         #创建空列表
list2=['how','are','you']        #使用方括号，元素以逗号分隔创建
list3=list((1, 2, 3))            #使用 list()函数创建
```

执行结果如图 1-11 所示。

名称▲	类型	大小	值
list1	list	0	[]
list2	list	3	['how', 'are', 'you']
list3	list	3	[1, 2, 3]

图 1-11　创建列表类型对象

3. 元组类型

元组（tuple）是不可变序列，用圆括号括起来进行定义，元素与元素之间用逗号隔开。元组中的元素可以是数值、字符串、列表、元组等任何类型的数据，并且在同一个元组中，元素的类型可以不同。元组与列表的不同之处在于元组中的元素不能修改。创建元组的示例代码如下。

```
tup1=()                    #创建空元组
tup2=(1,2,3,'Jack,GO!')    #使用圆括号，元素以逗号分隔创建
tup3=tuple('abc')          #使用tuple()函数创建
```

执行结果如图 1-12 所示。

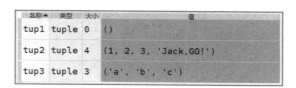

图 1-12　创建元组类型对象

4. 序列类型常用操作

字符串、列表、元组都支持的操作，如表 1-2 所示。表格中，s 和 t 是具有相同类型的序列，n，i，j 和 k 是整数而 x 是任何满足 s 所规定的类型和值限制的任意对象。

表 1-2　序列类型常用操作

运　算	结　果
x in s	如果 s 中的某项等于 x 则结果为 True，否则为 False
x not in s	如果 s 中的某项等于 x 则结果为 False，否则为 True
s + t	s 与 t 相拼接
s * n 或 n * s	相当于 s 与自身进行 n 次拼接
s[i]	s 的第 i 项，起始为 0
s[i:j]	s 从 i 到 j 的切片
s[i:j:k]	s 从 i 到 j 步长为 k 的切片
len(s)	s 的长度
min(s)	s 的最小项
max(s)	s 的最大项
s.index(x[, i[, j]])	x 在 s 中首次出现项的索引号（索引号在 i 或其后且在 j 之前）
s.count(x)	x 在 s 中出现的总次数

注：除上表序列类型通用操作外，字符串、列表和元组均有各自的一些附加方法。详见 Python3.9 官方中文文档：https://docs.python.org/zh-cn/3.9/library/stdtypes.html#string-methods。

1.3.3　集合类型及常用操作

1. set 集合类型

set 是一种可变的集合类型，用花括号括起来定义，元素与元素之间用逗号隔开。set 集合类型是由若干不重复且无序的数据元素构成的。创建 set 集合类型的示例代码如下。

```
set1={'Jack','John','Anna','Jack'}      #使用花括号，元素以逗号分隔创建
set2=set(['Jack','John','Anna'])        #使用 set()函数创建
```

执行结果如图 1-13 所示。

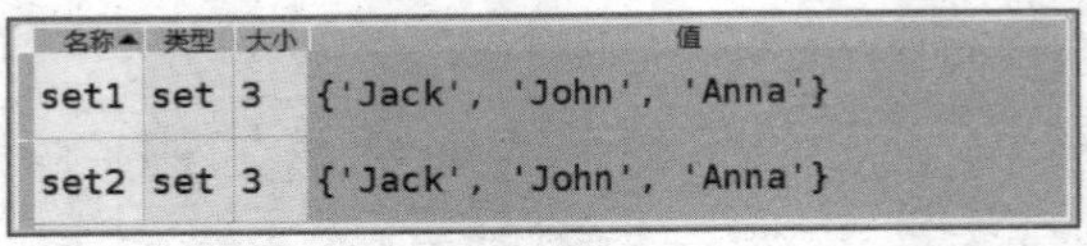

名称▲	类型	大小	值
set1	set	3	{'Jack', 'John', 'Anna'}
set2	set	3	{'Jack', 'John', 'Anna'}

图 1-13　创建 set 集合类型对象

2. set 集合类型常用操作

set 集合类型所支持的常用操作如表 1-3 所示。

表 1-3　set 集合类型常用操作

运　　算	结　　果
len(s)	返回集合 s 中的元素数量（即 s 的基数）
x in s	检测 x 是否为 s 中的成员
x not in s	检测 x 是否非 s 中的成员
isdisjoint(other)	如果集合中没有与 other 共有的元素则返回 True。当且仅当两个集合的交集为空集合时，两者为不相交集合
add(elem)	将元素 elem 添加到集合中
remove(elem)	从集合中移除元素 elem。如果 elem 不存在于集合中则会引发 KeyError
discard(elem)	如果元素 elem 存在于集合中则将其移除
clear()	从集合中移除所有元素

注：set 集合类型所支持的更多操作详见 Python3.9 官方中文文档：https://docs.python.org/zh-cn/3.9/library/stdtypes.html#set-types-set-frozenset。

1.3.4　字典类型及常用操作

1. 字典类型

字典（dict）是一种标准的映射类型，用花括号括起来定义，元素与元素之间用逗号隔开。字典中的元素由键和值两部分组成，键在前值在后，键和值之间用冒号来区分。字典中的键必须唯一，但值不必，键可以是数字、字符串，值可以是数字、字符串或者其他 Python

数据结构（比如列表、元组等）。创建字典的示例代码如下。

```
dic1={}                                          #创建空字典
dic2={'Jack':22,'John':21,'Anna':21}             #使用花括号，元素以逗号
                                                  分隔创建
dic3=dict([('one', 1),('two', 2),('three', 3)])  #使用dict()函数创建
```

执行结果如图 1-14 所示。

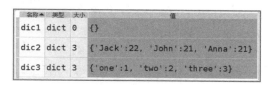

图 1-14　创建字典类型对象

2. 字典类型常用操作

字典类型所支持的常用操作如表 1-4 所示。

表 1-4　字典类型常用操作

运　　算	结　　果
list(d)	返回字典 d 中使用的所有键的列表
len(d)	返回字典 d 中的元素个数
d[key]	返回 d 中以 key 为键的值
d[key] = value	将 d[key]的值设为 value
key in d	如果 d 中存在键 key 则返回 True，否则返回 False
get(key[, default])	如果 key 存在于字典中则返回 key 的值，否则返回 default
clear()	移除字典中的所有元素

注：字典类型所支持的更多操作详见 Python3.9 官方中文文档：https://docs.python.org/zh-cn/3.9/library/stdtypes.html#mapping-types-dict。

1.4　流程控制语句

1.4.1　条件判断语句

条件判断语句，是指条件成立时要执行的语句和条件不成立时要执行的语句。条件判断语句在 Python 编程语言中是基本语句，最常用的是 if 语句。if 语句包含零个或多个 elif 子句，及可选的 else 子句。关键字 elif 是 else if 的缩写。

视频 1.4　流程控制语句
微课视频

1. if...语句

if 语句的使用方式如下。

```
if (条件判断语句):
    程序模块              #条件判断为"真"时执行的语句
```

示例代码如下。

```
x=5
import math              #导入 math 模块
if x>0:
    s=math.exp(x)        #当 x>0 时，求 e 的 x 次方
```

执行结果如图 1-15 所示。

名	类型	大小	值
s	float	1	148.4131591025766
x	int	1	5

图 1-15　if 语句

2. if...else...语句

if...else...语句的使用方式如下。

```
if (条件判断语句):
    程序模块 1            #条件判断为"真"时执行的语句
else:
    程序模块 2            #条件判断为"假"时执行的语句
```

示例代码如下。

```
x=-9
import math              #导入 math 模块
if x>0:
    s=math.sqrt(x)       #当 x>0 时，求 x 的平方根
else:
    s=math.exp(x)        #否则（x<=0），求 e 的 x 次方
```

执行结果如图 1-16 所示。

名	类型	大小	值
s	float	1	0.00012340980408667956
x	int	1	-9

图 1-16　if...else...语句

3. if...elif...else...语句

if...elif...else...语句的使用方式如下。

```
if (条件判断语句1):
    程序模块1                            #条件判断语句1为"真"时执行的语句
elif (条件判断语句2):
    程序模块2                            #条件判断语句2为"真"时执行的语句
else:
    程序模块3                            #以上所有条件判断语句为"假"时执行的语句
```

示例代码如下。

```
x=0
import math                              #导入math模块
if x>0:
    s=math.sqrt(x)                       #如果x>0，求x的平方根
elif x<0:
    s=math.exp(x)                        #否则如果x<0，求e的x次方
else:
    s=x+1                                #否则，求x+1
```

执行结果如图1-17所示。

图1-17　if...elif...else...语句

1.4.2　循环语句

循环语句是用于重复执行某条语句（循环体）的语句，它包含一个控制表达式，每循环执行一次都要对控制表达式进行判断，如果表达式为真，则继续执行循环。Python语言中常用的循环语句有for语句和while语句。

1. for语句

Python的for语句不迭代算术递增数值，而是迭代列表或字符串等任意序列，元素的迭代顺序与在序列中出现的顺序一致。使用方式如下。

```
for 变量 in 序列:                        #for循环遍历序列中的元素
    程序模块                             #模块中全部程序语句需要缩进并对齐
```

示例代码如下。

```
l=list()                                #定义一个空列表
weather = ['sunny','cloudy','rainy']
for i in weather:                       #for循环遍历weather中的元素
    l.append(i)                         #将遍历得到的元素依次添加到列表l中
```

执行结果如图1-18所示。

名称 ▲	类型	大小	值
i	str	5	rainy
L	list	3	['sunny', 'cloudy', 'rainy']
weather	list	3	['sunny', 'cloudy', 'rainy']

图 1-18　for 语句

2. while 语句

while 循环一般需要预定义条件变量，当满足条件的时候，则循环执行循环体程序模块的内容。使用方式如下。

```
while 条件表达式:
    循环体                          #循环体中的程序全部缩进并对齐
```

示例代码如下。

```
#求 1+2+3+...+100 的和
a=1                              #定义求和运算对象变量 a，初值为 1
s=0                              #定义求和运算结果变量 s，初值为 0
while a<=100:                    #当 a<=100 时，循环执行循环体中的语句
    s=s+a
    a=a+1
```

执行结果如图 1-19 所示。

名称▲	类型	大小	值
a	int	1	101
s	int	1	5050

图 1-19　while 语句

1.5　函数定义与调用

在程序设计过程中，如果若干段程序代码实现逻辑相同，那么可以考虑将这些代码定义为函数的形式。函数对象是通过函数定义创建的，对函数对象的唯一操作是调用 func(argument-list)。Python 语言中存在两种不同的函数对象：内置函数和用户自定义函数。本小节主要对用户自定义函数进行简要说明。

1. def 关键字定义函数

定义函数使用关键字 def，后跟函数名与括号内的形参列表。函数语句从下一行开始，并且必须缩进。使用方式如下。

```
def 函数名（形参列表）:
    函数体
    return(返回变量列表)
```

示例代码如下。

```
#定义函数
def test(r):
    import math              #导入 math 模块
    s=math.pi*r**2           #计算半径为 r 的圆面积
    c=2*math.pi*r            #计算半径为 r 的圆周长
    return(s,c)
#调用函数
A=test(5)
s=A[0]
c=A[1]
```

执行结果如图 1-20 所示。

名称	类型	大小	值
A	tuple	2	(78.53981633974483, 31.41592653589793)
c	float	1	31.41592653589793
s	float	1	78.53981633974483

图 1-20　def 定义与调用函数

2. lambda 关键字定义函数

lambda 关键字用于创建小巧的匿名函数。lambda 函数可用于任何需要函数对象的地方。使用方式如下：lambda a, b: a+b，函数返回两个参数的和。

示例代码如下。

```
#定义函数
def make_incrementor(n):
    return lambda x: x + n
#调用函数
f=make_incrementor(10)
print(f(1))
```

执行结果如图 1-21 所示。

名称	类型	大小	值
r	int	1	11

图 1-21　lambda 定义与调用函数

本 章 小 结

本章作为 Python 大数据分析与挖掘的基础章节：首先介绍了数据分析与挖掘的内涵、联系与区别及一般流程，阐述了利用 Python 进行数据分析与挖掘的优势；其次介绍了 Python 开发环境 Anaconda 及 Spyder 的安装与使用；重点介绍了 Python 内置的 6 种基本数据类型及常用操作；最后介绍了 Python 程序设计所需的流程控制语句及自定义函数的使用。

 习题

1. 编写 Python 程序，使用 for 循环求 1+2+…+120 的和。

2. 定义一个元组 tup1=(1,2,3,'like','Python')和一个空列表 list1，以 while 循环方式，使用列表方法依次向 list1 中添加 tup1 中的元素。

 即测即练

自学自测　　　扫描此码

## 第2章

NumPy科学计算与分析

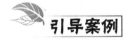

NumPy 的魔法之旅

　　曾经有一位名叫小华的数学爱好者,他喜欢研究数学问题并寻找创新的解决方法。有一天,他遇到了一个有趣的问题:他想要计算一个人在一年内每天步行的总距离。小华知道他可以通过记录每天的步数和步幅来计算总距离,但是手动计算会非常繁琐。于是,他决定使用 NumPy 来解决这个问题。

　　首先,小华使用 NumPy 的 random 模块生成了一个包含 365 个元素的随机数组,表示每天的步数。然后,他使用 NumPy 的 random 模块再生成一个包含 365 个元素的随机数组,表示每步的步幅。

　　接下来,小华使用 NumPy 的 multiply 函数将这两个数组相乘,得到每天的总距离。然后,他使用 NumPy 的 sum 函数将所有的总距离相加,得到一年内的总步行距离。

　　小华非常惊讶地发现,通过使用 NumPy,他只需要几行代码就能够快速、高效地解决这个问题。而且,NumPy 的向量化操作使得计算速度非常快,大大节省了他的时间和精力。小华非常满意地得出了他一年内的总步行距离,这个结果让他感到非常骄傲。他意识到NumPy 不仅是一个数学库,还是一个强大的工具,能够帮助他解决各种数学问题,并且让数学变得有趣。从那以后,小华继续探索 NumPy 的其他功能,并将其应用于更多的数学问题中。他发现 NumPy 不仅仅适用于计算总距离,还可以用于解决线性代数问题、优化问题、概率统计等各种数学领域的问题。

　　小华的故事告诉我们,NumPy 不仅是一个数学库,它还是一个开启数学探索之旅的钥匙,让我们能够以高效、创新的方式解决数学问题。无论是对数学爱好者还是对专业人士而言,NumPy 都是一个不可或缺的工具。

2.1　NumPy 简介

　　NumPy 是 Python 用于科学计算的基础包,也是大量 Python 数学和科学计算包的基础。不少数据处理及分析包都是在 NumPy 基础上开发的,如后文介绍的 Pandas 包。

　　NumPy 的核心基础是 ndarray(N-dimensional array,N 维数组),即由数据类型相同的元素组成的 N 维数组。NumPy 是一个 Python 库,它提供了对整组数据进行快速运算的标准数学函数、线性代数、随机数生成等功能。

NumPy 的应用领域包括但不限于量子计算、统计计算、信号处理、图像处理、图和网络、天文学过程、认知心理学、生物信息学、贝叶斯推理、数学分析、化学、地球科学、地理处理以及建筑与工程等，如图 2-1 所示。

图 2-1　NumPy 的应用领域

NumPy 包已经集成在 Anaconda 中，不用另外安装，只需要导入即可使用。导入方式如图 2-2 所示。

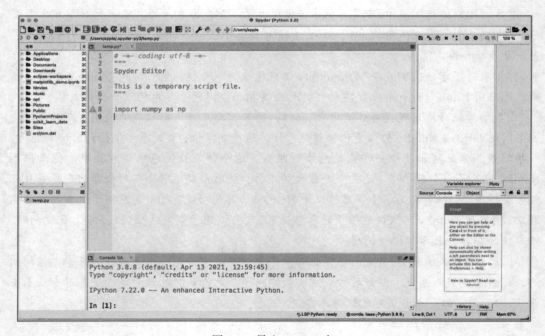

图 2-2　导入 NumPy 包

2.2　数组的创建及常见操作

本节首先介绍两种创建数组的方法，一种是使用 NumPy 中的 array() 函数将特定的数据类型转换为数组，另一种是使用内置函数创建指定尺寸的数组；其次介绍数组的属性及常见的操作。

2.2.1　数组创建与访问

1. 使用 array()函数创建数组

使用 array()函数可以将特定的数据类型转换为数组，使用方式为：np.array(object, dtype=None, copy=True, order='K',subok=False, ndmin=0)。其中参数 object 为公开数组接口的任何对象；dtype 为数组所需的数据类型。更多参数的详细说明可使用 help(np.array)命令查看帮助文档。

视频 2.1　数组的创建及常见操作微课视频

调用 array()函数创建数组，示例代码如下。

```
#定义列表 L1，元组 T1，嵌套列表 L2、L3 和嵌套元组 T2
L1=[1,2,3,4,0.5,6]              #列表
T1=(1,2,3,4,5.6)               #元组
L2=[[1,2,3,4],[5,6,7,8]]       #嵌套列表，元素为列表
L3=[(1,2,3,4),(5,6,7,8)]       #嵌套列表，元素为元组
T2=((1,2,3,4),(5,6,7,8))       #嵌套元组，元素为元组
#导入 NumPy 包
import numpy as np
#调用 array()函数创建数组
L11= np.array(L1)
L21= np.array(L2)
L31= np.array(L3)
T11= np.array(T1)
T21=np.array(T2)
```

执行结果如图 2-3 所示。

名称	类型	大小	值
L1	list	6	[1, 2, 3, 4, 0.5, 6]
L2	list	2	[[1, 2, 3, 4], [5, 6, 7, 8]]
L3	list	2	[(1, 2, 3, 4), (5, 6, 7, 8)]
L11	Array of float64	(6,)	[1. 2. 3. 4. 0.5 6.]
L21	Array of int64	(2, 4)	[[1 2 3 4] [5 6 7 8]]
L31	Array of int64	(2, 4)	[[1 2 3 4] [5 6 7 8]]
T1	tuple	5	(1, 2, 3, 4, 5.6)
T2	tuple	2	((1, 2, 3, 4), (5, 6, 7, 8))
T11	Array of float64	(5,)	[1. 2. 3. 4. 5.6]
T21	Array of int64	(2, 4)	[[1 2 3 4] [5 6 7 8]]

图 2-3　array()函数创建数组

2. 使用内置函数创建数组

使用 NumPy 内置函数可以创建一些特殊的数组。

（1）ones()函数。使用 ones()函数创建元素全为 1 的数组，例如：a1=np.ones(4,4)。

（2）zeros()函数。使用 zeros()函数创建元素全为 0 的数组，例如：a2=np.zeros(4,5)。

（3）eye(n)函数。使用 eye(n)函数创建主对角线全是 1 的 n 行 n 列数组，例如：a3=np.eye(3)。

（4）linspace()函数。使用 linspace(a,b,n)函数创建从 a 到 b 间隔内按线性等分为 n 个元素的一维数组，例如：a4=np.linspace(0,1,10)。

（5）logspace()函数。使用 logspace(a,b,n)函数创建从 10 的 a 次方到 10 的 b 次方间隔内按对数等分为 n 个元素的一维数组。例如：a5=np.logspace(0,2,20)。

（6）arange()函数。使用 arange(a,b,c)创建以 a 为初始值，b–1 为末值，c 为步长的一维数组。其中 a 和 c 参数可省，这时 a 取默认值为 0，c 取默认值为 1。例如：a6=np.arange(10); a7=np.arange(2,10); a8=np.arange(2,10,2)。

执行结果如图 2-4 所示。

名称	类型	大小	值
a1	Array of float64	(4, 4)	[[1. 1. 1. 1.] [1. 1. 1. 1.] [1. 1. 1. 1.] [1. 1. 1. 1.]]
a2	Array of float64	(4, 5)	[[0. 0. 0. 0. 0.] [0. 0. 0. 0. 0.] [0. 0. 0. 0. 0.] [0. 0. 0. 0. 0. ...
a3	Array of float64	(3, 3)	[[1. 0. 0.] [0. 1. 0.] [0. 0. 1.]]
a4	Array of float64	(10,)	[0. 0.11111111 0.22222222 0.33333333 0.44444444 0.55555556 0. ...

名称	类型	大小	值
a5	Array of float64	(20,)	[1. 1.27427499 1.62377674 ... 61.58482111 78.47599704 ...
a6	Array of int64	(10,)	[0 1 2 3 4 5 6 7 8 9]
a7	Array of int64	(8,)	[2 3 4 5 6 7 8 9]
a8	Array of int64	(4,)	[2 4 6 8]

图 2-4　内置函数创建数组

3. 数组的属性

数组属性反映了数组本身固有的信息。属性是数组的核心部分，其中一些可以重置，无须创建新数组。数组的属性可以分为内存布局属性、数据类型属性、其他属性，如表 2-1 所示。

表 2-1　数组属性

属 性 名	说　明
ndarray.shape	数组的形状，返回元组
ndarray.ndim	维度，维数，轴数，秩
ndarray.size	数组中元素的个数
ndarray.itemsize	数组中元素占用的长度（以字节为单位）
ndarray.dtype	数组元素的类型

创建数组并查看数组属性，示例代码如下。

```
#定义嵌套列表
L=[[1,2,3,4],[5,6,7,8]]
#导入 numpy 包并调用 array()函数创建数组
import numpy as np
L1=np.array(L)
#查看数组属性
n=L1.ndim                      #维数
s=L1.shape                     #尺寸
```

```
si=L1.size                    #元素总数
dt=L1.dtype                   #元素类型
it=L1.itemsize                #每个元素的大小
```

执行结果如图 2-5 所示。

名称	类型	大小	值
dt	dtype[int64]	1	dtype[int64] object of numpy module
it	int	1	8
L	list	2	[[1, 2, 3, 4], [5, 6, 7, 8]]
L1	Array of int64	(2, 4)	[[1 2 3 4] [5 6 7 8]]
n	int	1	2
s	tuple	2	(2, 4)
si	int	1	8

图 2-5　创建数组并查看属性

2.2.2　数组尺寸与形态变换

数组尺寸，也称为数组的大小，通过行数和列数来表现。通过数组中的 shape 属性，可以返回数组的尺寸，其返回值为元组。如果是一维数组，返回的元组中仅一个元素，代表这个数组的长度。如果是二维数组，元组中有两个值，第一个值代表数组的行数，第二个值代表数组的列数。创建数组并查看数组尺寸示例代码如下。

```
L1=[1,2,3,4,5.6,7]            #定义列表
L2=[[1,2,3,4],[5,6,7,8]]      #定义嵌套列表
import numpy as np            #导入 numpy 包并调用 array()函数创建数组
L11=np.array(L1)
L21=np.array(L2)
s11=L11.shape                 #shape 属性返回数组尺寸
s31=L21.shape
```

执行结果如图 2-6 所示。

名称	类型	大小	值
L1	list	6	[1, 2, 3, 4, 5.6, 7]
L2	list	2	[[1, 2, 3, 4], [5, 6, 7, 8]]
L11	Array of float64	(6,)	[1. 2. 3. 4. 5.6 7.]
L21	Array of int64	(2, 4)	[[1 2 3 4] [5 6 7 8]]
s11	tuple	1	(6)
s31	tuple	2	(2, 4)

图 2-6　创建数组并查看数组尺寸

从图 2-6 可以看出，一维数组 L1 的长度为 6，二维数组 L2 的行数为 2，列数为 4。在程序应用中，常见将一维数组与二维数组相互变换。NumPy 提供了 reshape()方法用于变换数组的形状，需要注意的是，reshape()方法仅改变原始数据的形状，不改变原始数据的值。

1. 一维数组变换为二维数组

使用 NumPy 数组的 reshape()方法，将一维数组变换为二维数组。示例代码如下。

```
#导入 numpy 包
import numpy as np
#使用内置函数创建一维数组
arr1=np.arange(10)
#使用 reshape 方法将一维数组变换为二维数组
arr2=arr1.reshape(2,5)
```

执行结果如图 2-7 所。

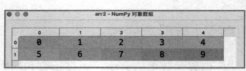

图 2-7   一维数组变换为二维数组

2. 二维数组展平为一维数组

（1）使用 ravel()函数可以将二维数组展平为一维数组。示例代码如下。

```
#导入 numpy 包
import numpy as np
#使用内置函数创建一维数组并变换为二维数组
arr3=np.arange(10).reshape(2,5)
#使用 ravel()函数展平数组
arr4=arr3.ravel()
```

执行结果如图 2-8 所示。

图 2-8   ravel()函数展平数组

（2）使用 flatten()函数可以将二维数组展平为一维数组。示例代码如下。

```
#导入 numpy 包
import numpy as np
```

```
#使用内置函数创建二维数组
arr3=np.arange(10).reshape(2,5)
#使用 flatten()函数展平数组
arr5=arr3.flatten()
arr6=arr3.flatten('F')
```

执行结果如图 2-9 所示。

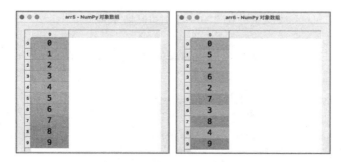

图 2-9　flatten()函数展平数组

2.2.3　数组切片与连接

1. 数组切片

数组切片是指抽取数组中的部分元素构成新的数组。通过指定数组中的行下标和列下标来抽取元素，从而组成新的数组。有两种方法可以实现数组的切片，第一种方法是使用数组本身的索引机制切片，第二种方法是使用 ix_()函数构建索引器切片。

（1）索引机制切片。一般地，假设 D 为待切片的数组，则切片的数据=D[①,②]，其中①为对 D 的行下标控制，②为对 D 的列下标控制，行和列下标控制通过整数或整数列表实现。为了更灵活地操作数据，取所有的行或者列可以用"："代替实现。同时，还可以通过逻辑列表实现行控制。示例代码如下。

```
import numpy as np
#定义数组 D
D=np.array([[1,2,3,4],[5,6,7,8],[9,10,11,12],[13,14,15,16]])
#访问 D 中行为 1，列为 2 的数据，注意行列下标是从 0 开始的
D1=D[1,2]
#访问 D 中列下标为 1、3 的数据
D2=D[:,[1,3]]
#访问 D 中行下标为 1、3 的数据
D3=D[[1,3],:]
#访问 D 中满足第 0 列大于 5 的所有列数据
D4=D[D[:,0]>5,:]
```

执行结果如图 2-10 所示。

图 2-10　索引机制切片

（2）ix_()函数切片。数组切片也可以通过 ix_()函数构造行、列下标索引器实现。示例代码如下。

```
#取 D 中行下标为 1、2，列下标为 1、3 的所有元素
D5=D[np.ix_([1,2],[1,3])]
#取 D 中行下标为 0、1，列下标为 1、3 的所有元素
D6=D[np.ix_(np.arange(2),[1,3])]
#取以 D 中第 1 列小于 10 得到的逻辑数组作为行索引，列数为 1、2 的所有元素
D7=D[np.ix_(D[:,1]<10,[1,2])]
#取以 D 中第 1 列小于 10 得到的逻辑数组作为行索引，列数为 2 的所有元素
D8=D[np.ix_(D[:,1]<10,[2])]
```

执行结果如图 2-11 所示。

图 2-11　ix_()函数切片

2. 数组连接

在数据处理中，多个数据源的集成整合是经常发生的，主要体现在数组间的连接，包括水平连接和垂直连接两种方式。水平连接使用 hstack()函数、垂直连接使用 vstack()函数实现。需要注意的是，函数的输入参数是由两个待连接数组组成的元组。示例代码如下。

```
import numpy as np
A=np.array([[1,2],[3,4]])          #定义二维数组 A
B=np.array([[5,6],[7,8]])          #定义二维数组 B
C_h=np.hstack((A,B))               #水平连接要求行数相同
C_v=np.vstack((A,B))               #垂直连接要求列数相同
```

执行结果如图 2-12 所示。

名称	类型	大小	值
A	Array of int64	(2, 2)	[[1 2] [3 4]]
B	Array of int64	(2, 2)	[[5 6] [7 8]]
C_h	Array of int64	(2, 4)	[[1 2 5 6] [3 4 7 8]]
C_v	Array of int64	(4, 2)	[[1 2] [3 4]

图 2-12　数组连接

另外，使用 concatenate 函数也能实现数组横向连接和纵向连接。示例代码如下。

```
import numpy as np
A=np.array([[1,2],[3,4]])          #定义二维数组 A
B=np.array([[5,6],[7,8]])          #定义二维数组 B
D1=np.concatenate((A,B),axis=1)    #沿列的方向（横向）连接
D0=np.concatenate((A,B),axis=0)    #沿行的方向（纵向）连接
```

执行结果如图 2-13 所示。

名称	类型	大小	值
A	Array of int64	(2, 2)	[[1 2] [3 4]]
B	Array of int64	(2, 2)	[[5 6] [7 8]]
D0	Array of int64	(4, 2)	[[1 2] [3 4] [5 6] [7 8]]
D1	Array of int64	(2, 4)	[[1 2 5 6] [3 4 7 8]]

图 2-13　concatenate 函数连接数组

2.3　矩阵的创建及常见操作

NumPy 矩阵继承自 NumPy 二维数组对象，不仅拥有二维数组的属性、方法与函数，还拥有自身特有的属性与方法。同时，NumPy 矩阵和线性代数中的矩阵概念几乎完全相同，同样含有转置矩阵、共轭矩阵、逆矩阵等概念。

2.3.1　矩阵的创建

视频 2.2　矩阵的创建及常见操作微课视频

在 NumPy 中可使用 mat()、matrix() 函数来创建矩阵。示例代码如下。

```
import numpy as np
mat1 = np.mat("1 2 3; 4 5 6; 7 8 9")
mat2 = np.matrix([[1, 2, 3], [4, 5, 6], [7, 8, 9]])
```

执行结果如图 2-14 所示。

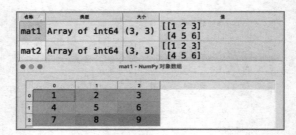

图 2-14   创建矩阵

2.3.2   矩阵的属性与基本运算

1. 矩阵的属性

矩阵的特有属性及其说明，如表 2-2 所示。

表 2-2   矩阵的特有属性及其说明

特有属性	说　　明
T	返回自身的转置
H	返回自身的共轭转置
I	返回自身的逆矩阵

创建矩阵并查看属性，示例代码如下。

```
import numpy as np
mat = np.matrix(np.arange(4).reshape(2, 2))
mT=mat.T
mH=mat.H
mI=mat.I
```

执行结果如图 2-15 所示。

名称	类型	大小	值
mat	Array of int64	(2, 2)	[[0 1] [2 3]]
mH	Array of int64	(2, 2)	[[0 2] [1 3]]
mI	Array of float64	(2, 2)	[[-1.5 0.5] [1. 0.]]
mT	Array of int64	(2, 2)	[[0 2] [1 3]]

图 2-15   创建矩阵并查看属性

2. 矩阵的基本运算

矩阵运算和数组运算类似，都能够作用于其中每个元素，相比使用 for 循环进行计算，在速度上更加高效。示例代码如下。

```
import numpy as np
mat1 = np.mat("1 2 3; 4 5 6; 7 8 9")
```

```
mat2 = mat1*3
mat3=mat1+mat2
mat4=mat1-mat2
mat5=mat1*mat2          #注意矩阵乘法与数组乘法的区别
mat6=np.multiply(mat1, mat2)    #点乘
```

执行结果如图 2-16 所示。

名称	类型	大小	值
mat1	Array of int64	(3, 3)	[[1 2 3] [4 5 6] [7 8 9]]
mat2	Array of int64	(3, 3)	[[3 6 9] [12 15 18] [21 24 27]]
mat3	Array of int64	(3, 3)	[[4 8 12] [16 20 24] [28 32 36]]
mat4	Array of int64	(3, 3)	[[-2 -4 -6] [-8 -10 -12] [-14 -16 -18]]
mat5	Array of int64	(3, 3)	[[90 108 126] [198 243 288] [306 378 450]]
mat6	Array of int64	(3, 3)	[[3 12 27] [48 75 108] [147 192 243]]

图 2-16　矩阵的基本运算

2.4　NumPy 统计分析

除了数组与矩阵的创建方法、属性和常用方法之外，学会读写文件是 NumPy 的基础。另外，NumPy 还能够进行简单的统计分析。

2.4.1　读写文件

NumPy 读写文件主要分为二进制文件的读写和文本文件的读写两种形式。读写二进制文件涉及的函数主要有 save()函数、savez()函数和 load()函数，读写文本文件涉及的函数主要有savetext()函数、loadtxt()函数和genfromtxt()函数。

视频 2.3　NumPy 统计分析微课视频

1. 读写二进制文件

save()函数能够将数组保存为二进制格式，其使用方式为：np.save(file, arr)。参数 file 为要保存为二进制文件的路径及名称，文件后缀名.npy 为系统自动添加；参数 arr 为需要保存的数组，也就是把数组 arr 保存至名称为 file，后缀名为.npy 的未压缩的原始二进制文件中。示例代码如下。

```
import numpy as np
arr1=np.arange(64)
arr2=arr1.reshape(8,8)
np.save('arr2', arr2)
```

执行结果如图 2-17 所示。

savez()函数则能够实现将多个数组保存到一个压缩的二进制文件中，文件扩展名为.npz，其中每个文件都是一个 save()函数保存的.npy 文件，文件名对应于数组名。savez()函数使用方式为：np.savez(file, args, kwds)。其中参数 file 为要保存为文件的路径及名称，扩展名为.npz；参数 args 为要保存的数组，可以使用关键字参数为数组起一个别名；参数 kwds 为要保存的数组使用关键字名称。示例代码如下。

```
[[ 0  1  2  3  4  5  6  7]
 [ 8  9 10 11 12 13 14 15]
 [16 17 18 19 20 21 22 23]
 [24 25 26 27 28 29 30 31]
 [32 33 34 35 36 37 38 39]
 [40 41 42 43 44 45 46 47]
 [48 49 50 51 52 53 54 55]
 [56 57 58 59 60 61 62 63]]
```

图 2-17　save()函数保存数组

```
import numpy as np
arr1=np.arange(64)
arr2=arr1.reshape(8,8)
np.savez('arr1_arr2.npz', x=arr1, y=arr2)
print('保存的数组 1 为：',arr1)
print('*'*50)
print('保存的数组 2 为：',arr2)
```

执行结果如图 2-18 所示。

```
保存的数组1为： [ 0  1  2  3  4  5  6  7  8  9 10 11 12 13 14 15 16 17 18 19 20 21 22 23
 24 25 26 27 28 29 30 31 32 33 34 35 36 37 38 39 40 41 42 43 44 45 46 47
 48 49 50 51 52 53 54 55 56 57 58 59 60 61 62 63]
**************************************************
保存的数组2为： [[ 0  1  2  3  4  5  6  7]
 [ 8  9 10 11 12 13 14 15]
 [16 17 18 19 20 21 22 23]
 [24 25 26 27 28 29 30 31]
 [32 33 34 35 36 37 38 39]
 [40 41 42 43 44 45 46 47]
 [48 49 50 51 52 53 54 55]
 [56 57 58 59 60 61 62 63]]
```

图 2-18　savez()函数保存数组

load()函数实现二进制格式数组数据读取，其使用方式为：np.load(file, mmap_mode=None, allow_pickle=False, fix_imports=True,encoding='ASCII')。具体参数及说明如表 2-3 所示。

表 2-3　load 函数参数及说明

参 数 名 称	说 明
file	待读取文件的名称
mmap_mode	内存映射模式，默认为 None
allow_pickle	允许加载存储在 npy 文件中的 pickle 对象数组，默认为 False
fix_imports	pickle 将尝试将旧的 Python 2 名称映射到 Python 3 中使用的新名称，默认为 True
encoding	读取 python 字符串时使用的编码，不允许使用除 latin1、ASCII 和 bytes 以外的值

load()函数读取二进制数组数据，示例代码如下。

```
import numpy as np
arr1=np.arange(64)
arr2=arr1.reshape(8,8)
```

```
np.savez('arr1_arr2.npz', x=arr1, y=arr2)
r=np.load('arr1_arr2.npz')
print('保存的数组1为：',r['x'])
print('-'*50)
print('保存的数组2为：',r['y'])
```

执行结果如图 2-19 所示。

```
保存的数组1为： [ 0  1  2  3  4  5  6  7  8  9 10 11 12 13 14 15 16 17 18 19 20 21 22 23
 24 25 26 27 28 29 30 31 32 33 34 35 36 37 38 39 40 41 42 43 44 45 46 47
 48 49 50 51 52 53 54 55 56 57 58 59 60 61 62 63]
保存的数组2为： [[ 0  1  2  3  4  5  6  7]
 [ 8  9 10 11 12 13 14 15]
 [16 17 18 19 20 21 22 23]
 [24 25 26 27 28 29 30 31]
 [32 33 34 35 36 37 38 39]
 [40 41 42 43 44 45 46 47]
 [48 49 50 51 52 53 54 55]
 [56 57 58 59 60 61 62 63]]
```

图 2-19　load()函数读取数组

2. 读写文本文件

savetxt()函数能够将一维和二维数组保存为 txt 文本或 csv 文件，同时可以指定各种分隔符、针对特定列的转换器函数、需要跳过的行数等。其使用方式为：np.savetxt(fname, X, fmt='%.18e', delimiter=' ', newline='\n', header=' ', footer=' ', comments='# ', encoding=None)。函数参数及说明使用 help(np.savetxt)命令查看具体帮助文档。示例代码如下。

```
import numpy as np
arr1=np.random.rand(2,3)
np.savetxt('arr1test.txt', arr1,delimiter=',')
```

通过 Spyder 右上角地址栏，打开当前工作目录，用记事本程序打开保存的 arr1test.txt 文本文件查看保存的数组，如图 2-20 所示。

```
arr1test.txt - 记事本
文件(F) 编辑(E) 格式(O) 查看(V) 帮助(H)
3.896778078553798652e-01, 7.933131838236365807e-01, 6.708991948583863385e-01
8.245289606363882529e-01, 5.203093742367703722e-01, 3.946914229005771269e-01
```

图 2-20　savetxt()函数保存为 txt 文件

loadtxt()函数能够读取保存为 txt 文本或 csv 文件的一维或二维数组，读取时需指定或使用默认分隔符。其使用方式为：np.loadtxt(fname, dtype=<class 'float'>, comments='#', delimiter=None, converters=None, skiprows=0, usecols=None, unpack=False, ndmin=0, encoding='bytes', max_rows=None, *, like=None)。函数参数及说明使用 help(np.loadtxt)命令查看具体帮助文档。示例代码如下。

```
import numpy as np
arr1=np.random.rand(2,3)
np.savetxt('arr1test.txt', arr1,delimiter=',')
arr1_load=np.loadtxt('arr1test.txt',delimiter=',')
```

执行结果如图 2-21 所示。

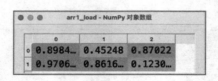

图 2-21　loadtxt()函数读取 txt 文件

genfromtxt()函数和 loadtxt()函数功能相似，用于读取保存为 txt 文本或 csv 文件的一维或二维数组，其使用方式为：np.genfromtxt(fname,delimiter=, names=)。参数 fname 为存放数组数据的文件名；参数 delimiter 为指定分隔符；参数 names 为是否含有列标题等。示例代码如下。

```
import numpy as np
arr1=np.random.rand(2,3)
np.savetxt('arr1test.txt', arr1,delimiter=',')
arr1_load=np.loadtxt('arr1test.txt',delimiter=',')
arr2_load=np.genfromtxt('arr1test.txt',delimiter=',',names=None)
```

执行结果如图 2-22 所示。

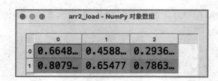

图 2-22　genfromtxt()函数读取 txt 文件

2.4.2　统计分析

1. 排序

数组排序主要包括直接排序和间接排序两种方式。

直接排序是针对数组使用 sort()函数，返回数组的排序副本。使用方式为：sort(a, axis=-1, kind=None, order=None)。其中参数 a 为待排序的数组；axis 为指定排序的轴；kind 为排序算法：quicksort，mergesort，heapsort，stable；order 为当待排序数组定义了字段时，指定各字段排序的优先级。示例代码如下。

```
import numpy as np
arr=np.random.randint(1,20,size=10)
arr.sort()
```

执行结果如图 2-23 所示。

图 2-23　sort()函数直接排序

指定 sort()函数中 axis 参数，可以控制排序的轴向。示例代码如下。

```
import numpy as np
arr=np.random.randint(1,10,size=(3,3))
arr.sort(axis=1)  #沿着列的方向（横轴）排序
arr.sort(axis=0)  #沿着行的方向（纵轴）排序
```

执行结果如图 2-24 所示。

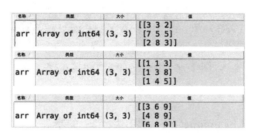

图 2-24　指定 axis 参数控制排序轴向

间接排序是根据一个或多个键对数据集进行排序，使用 argsort()函数和 lexsort()函数。

argsort： arg → argument 引数，sort → 排序；argsort 的含义是索引下标排序。使用 argsort()函数排序返回一个由索引下标构成的数组，索引值表示数据在新的序列中的位置，其使用方式：argsort(a, axis=-1, kind=None, order=None)。其中参数 a 为待排序的数组；axis 为用于排序的轴；kind 为排序算法：quicksort, mergesort, heapsort, stable；order 为当待排序数组定义了字段时，指定各字段排序的优先级。示例代码如下。

```
import numpy as np
arr=np.array([0,3,9,5,8,10])
result=arr.argsort() #返回值为重新排序后值的索引下标
```

执行结果如图 2-25 所示。

名称	类型	大小	值
arr	Array of int64	(6,)	[0 3 9 5 8 10]
result	Array of int64	(6,)	[0 1 3 4 2 5]

图 2-25　argsort()函数间接排序

lexsort：lex → Lexical 与词典有关的，sort → 排序，是一个用于按字典顺序对多个数组进行排序的函数。它是 NumPy 库中的一个函数，用于对多个数组进行排序，其中每个数组都按照相应的索引进行排序。它的使用方式为：numpy.lexsort(keys, axis=−1)。其中参数 keys 为待排序的多个数组，顺序是按照排序的优先级从高到低排列的；axis 为指定按照哪个轴进行排序，默认为最后一个轴。

lexsort()函数的工作原理是，它首先根据最后一个数组进行排序，然后根据倒数第二个数组对相同的元素进行排序，依此类推，直到根据第一个数组进行排序。这样，最终得到的排序结果是按照最高优先级的数组排序的。示例代码如下。

```python
import numpy as np
x=np.array([8,4,6,2,1])
y=np.array([58,44,62,21,18])
z=np.array([458,344,625,121,281])
s=np.lexsort((x,y,z))
print('排序后的数组为: ',list(zip(x[s],y[s],z[s])))
```

执行结果如图 2-26 所示。

名称	类型	大小	值
s	Array of int64	(5,)	[3 4 1 0 2]
x	Array of int64	(5,)	[8 4 6 2 1]
y	Array of int64	(5,)	[58 44 62 21 18]
z	Array of int64	(5,)	[458 344 625 121 281]

排序后的数组为: [(2, 21, 121), (1, 18, 281), (4, 44, 344), (8, 58, 458), (6, 62, 625)]

图 2-26 lexsort()函数间接排序

2. 去除重复数据

在 NumPy 中，可以通过 unique()函数找出数组中的唯一值，并返回已排序的结果。示例代码如下。

```python
import numpy as np
names=np.array(['张山','李斯','王武','麻子','李斯','王武'])
names_unique=np.unique(names)
```

执行结果如图 2-27 所示。

图 2-27 unique()函数去重

3. 重复数据

在 NumPy 中，可以通过 tile()函数实现数组整体的复制，使用方式为：np.tile(A, reps)。

其中参数 A 表示需复制的数组；reps 指定复制的次数。示例代码如下。

```
import numpy as np
arr=np.arange(10).reshape(5,2)
arr1=np.tile(arr, 2)
```

执行结果如图 2-28 所示。

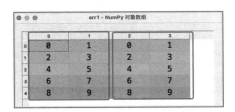

图 2-28　tile()函数重复数组

另外，可以通过 repeat()函数实现数组中元素按行或按列的重复，使用方式为：np.repeat(a, repeats)。其中参数 a 表示需要重复的数组元素；参数 repeats 指定重复的次数。可以使用参数 axis 指定轴向。示例代码如下。

```
import numpy as np
arr=np.arange(10).reshape(5,2)
arr2=np.repeat(arr,2,axis=1)    #沿列的方向重复
arr3=np.repeat(arr,2,axis=0)    #沿行的方向重复
```

执行结果如图 2-29 所示。

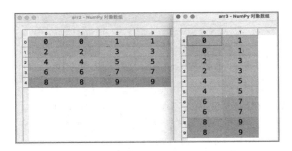

图 2-29　repeat()函数重复数据列或行

4. 聚合统计

在 NumPy 中，常用的聚合统计函数有 sum()、mean()、max()、min()、var()、std()等。需要注意的是，在针对二维数组进行统计时要设置 axis 参数用于指定轴向，如果不指定，则不按方向而计算得到一个总值。以 mean()函数聚合为例，示例代码如下。

```
import numpy as np
arr=np.arange(20).reshape(5,4)
arrmean=np.mean(arr)            #不按方向计算总均值
arrmean0=np.mean(arr,axis=0)    #沿纵轴计算数组均值
```

```
arrmean1=arr.mean(axis=0)        #沿纵轴计算数组均值
arrmean2=arr.mean(axis=1)        #沿横轴计算数组均值
```

执行结果如图 2-30 所示。

名称	类型	大小	值
arr	Array of int64	(5, 4)	[[0 1 2 3] [4 5 6 7] [8 9 10 11] [12 13 14 15] [16 17 18 ...
arrmean	float64	1	9.5
arrmean0	Array of float64	(4,)	[8. 9. 10. 11.]
arrmean1	Array of float64	(4,)	[8. 9. 10. 11.]
arrmean2	Array of float64	(5,)	[1.5 5.5 9.5 13.5 17.5]

图 2-30   mean()函数聚合统计

本 章 小 结

本章主要介绍用于科学计算的基础包 NumPy：首先介绍 NumPy 的应用领域与导包；其次主要介绍了数组的创建、属性与常用方法以及矩阵的创建、特有属性与基本运算，其中数组的创建、形态变换、切片与连接操作是重点内容；随后补充拓展了 NumPy 读写二进制文件和文本文件的函数与方法；最后介绍了 NumPy 对数组进行排序、去重、重复数据以及常用聚合统计等简单统计分析方法。

 习题

1. 创建一个 3×3 的二维数组，值域为 0 到 8。
2. 创建一个 Python 脚本，命名为 test.py，实现以下功能。
（1）定义一个列表 list1=[1,2,3,4,5,6]，将其转换为数组 N1。
（2）定义一个元组 tuple1=(1,2,3,4,5,6)，将其转换为数组 N2。
（3）使用内置函数，定义一个 1 行 6 列元素全为 1 的数组 N3。
（4）将 N1，N2，N3 垂直连接，形成一个 3 行 6 列的二维数组 N4。
（5）提取数组 N4 第 1 行中的第 2 个、第 4 个元素，第 3 行中第 1 个、第 5 个元素，组成一个新的二维数组 N5。

 即测即练

自学自测      扫描此码

## 第3章

Pandas数据处理与分析

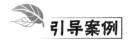引导案例

人类正从 IT 时代走向 DT 时代

"人类正从 IT 时代走向 DT 时代"，2014 年 3 月在北京举行的一场大数据产业推介会上，阿里巴巴集团创始人马云在主题演讲中发表了他的这一最新观点。他同时透露了阿里巴巴未来将加大在无线客户端和大数据平台及人才的投入意向。"未来的竞争不再将按照电力等能源拥有对区域竞争进行划分，今后拼的是人才和创新价值的能力，拼的是你的数据能够给社会创造多少价值，用数据挣钱才是未来真正核心所在，靠控制成本做生意，我估计以后这样的生意做不好，做不大。"业界分析认为，从马云此番表态以及阿里巴巴现有的产业布局来看，未来，包括数据处理、综合处理、语音识别、商业智能软件等在内的线下数据采集整合，将成为阿里巴巴的发展重点。

3.1　Pandas 简介

Pandas 名字衍生自术语面板数据（panel data）和 Python 数据分析（Python data analysis）。Pandas 是基于 NumPy 开发的一个 Python 数据分析包，是一个开放源码、BSD 许可的库，提供高性能、易于使用的数据结构和数据分析工具。Pandas 是 Python 的核心数据分析支持库，提供了快速、灵活、明确的数据结构，旨在简单、直观地处理关系型、标记型数据。它的目标是成为 Python 数据分析实践与实战的必备高级工具，其长远目标是成为最强大、最灵活、可以支持任何语言的数据科学工具。

Pandas 可以将各种格式的文件，如 CSV、Microsoft Excel、JSON、SQL，导入为数据。Pandas 可以对各种数据进行运算操作，比如归并、再成形、选择，还有数据清洗和数据加工特征。Pandas 广泛应用在学术、金融、统计学等各个数据分析领域。

3.2　序　　列

序列（series）是 Pandas 库中一个数据结构，能够保存任何类型的数据（整数、浮点数、字符串等）的一维标记数组。

3.2.1　序列创建及属性

在 Pandas 中，可以通过 Series()函数将指定的列表、元组、数组、字典等转换为序列，

使用方式为：pd.Series(data, index, dtype, name, copy)，其参数及说明如表 3-1 所示。

表 3-1 Series 函数参数及说明

参数	说 明
data	数据采用 ndarray、list、常量、其他 Series 对象等
index	数据索引标签，必须是唯一的和散列的，与数据的长度一致，如果不指定，则默认为 np.arange(n)，从 0 开始
dtype	数据类型，默认会自己判断数据类型
name	设置名称
copy	复制数据，默认为 False

指定列表，创建序列的示例代码如下。

```
#创建序列 S1 和 S2
import pandas as pd
import numpy as np
from pandas import Series,DataFrame
S1 = pd.Series([1,2.34,'I Love pandas',-10])
S2 = pd.Series([1,2,S1,4,5,Dict,'I Love China'])
```

执行结果如图 3-1 所示。

索引	0
0	1
1	2.34
2	I Love pandas
3	-10

(a) 序列型变量 S1

索引	0
0	1
1	2
2	0 1 1 2.34 2 I Love pandas 3 -10 dtype: object
3	4
4	5
5	{'key1': 1, 'key2': 2}
6	I Love China

(b) 序列型变量 S2

图 3-1 通过列表创建序列 S1 和 S2

指定元组，创建序列的示例代码如下。

```
import pandas as pd
tup1 = (1,2,3)
S3 = pd.Series(tup1)
```

执行结果如图 3-2 所示。

图 3-2　通过元组创建序列 S3

输出结果 S1 的第一列为序列的索引（index），第二列为序列的值（values）。如果在创建 Series 对象时，没有指定 index，Pandas 会采用整型数据作为该 Series 对象的索引。即使创建 Series 对象时指定了 index 参数，实际 Pandas 还是有隐藏的 index 位置信息。因此，Series 有"位置"和"标签"两种方式来描述数据。

指定字典，创建序列的示例代码如下。

```
import pandas as pd
dict1 = {'First':1,'Second':2,'Third':3,4:'Four'}
S4 = pd.Series(dict1)
```

执行结果如图 3-3 所示。

图 3-3　通过字典创建序列 S4

使用 np.arange(4) 创建一个一维数组，作为 Series 的 data 值，并指定 index 和 name 的参数值，代码如下。

```
import pandas as pd
import numpy as np
sta = ['第一行','第二行','第三行','第四行']
S5 = pd.Series(np.arange(4),index=sta,name='Series对象')
```

执行结果如图 3-4 所示。

图 3-4　指定 index 和 name 参数创建序列 S5

当把字典变量传递给 Series 函数时，产生的 Series 的索引将是排序好的字典键。当然也可以按照指定顺序重新排序，从而产生符合预期的排序，示例代码如下。

```python
import pandas as pd
data = {'sichuan':80031, 'helongjiang':3000, 'wulumuqi':900, 'xian':30}
inx = ['xian','wulumuqi','sichuan','anhui']
S6 = pd.Series(data)
S7 = pd.Series(data,index=inx)
```

执行结果如图 3-5 所示。

(a) 序列 S6   (b) 序列 S7

图 3-5 指定 index 排序的序列 S6、S7

从图 3-5 的（a）中可以看到序列在数据操作中有自动对齐的特性。同时，我们也看到序列 S7 中原字典没有键为 anhui 的元素，即字典中的键和指定的索引不匹配，则对应的值就标记为 NaN（not a number，即"非数字"），这是 Pandas 中标记缺失值的方式。在图 3-5 的（b）中，序列 S7 的排列顺序已经按照指定的索引对原字典中的键值对顺序进行了重新排序。

3.2.2 序列常用方法

1. 检查缺失值

通过序列名.isnull()和序列名.notnull()判断 Series 对象是否有缺失值。函数参数及说明如表 3-2 所示。

表 3-2 Series 缺失值判断函数参数及说明

参数	说　　明
isnull()	判断索引对应的值是否为空，若为空，返回 True。语句返回值为 Series 类型
notnull()	判断索引对应的值是否为非空，若为空，则返回 False

通过以下示例展示 Series 的 isnull 和 notnull 判断缺失值，代码如下。

```python
import pandas as pd
student = {'name':"张三",'age':18,'grade':"一年级"}
S1 = pd.Series(student,["name","age","grade","class"])
S2 = s1.isnull()
S3 = s1.notnull()
```

执行结果如图 3-6 所示。

(a) S1 变量　　　　(b) S2 变量　　　　(c) S3 变量

图 3-6　Series 缺失值判断

如图 3-6 所示，S1 中索引 class 对应的值为 NaN，因此 isnull()判断后，class 返回值为 True，其余返回都是 False。而 notnull()函数判断的结果刚好和 isnull()相反。

2. 通过索引获取序列对象的数据

（1）通过 index 和 values 获取 Series 对象的数据。可以通过 Series 名.index 获取 Series 对象的索引 index 值，同时可以通过 Series 名.values 获取 Series 对象的 values 值。示例代码如下。

```
import pandas as pd
student = {'name':"张三",'age':18,'grade':"一年级"}
S1 = pd.Series(student,["name","age","grade","class"])
m = S1.index
n = S1.values
```

执行结果如图 3-7 所示。

图 3-7　获取序列的 index 和 values

（2）通过下标和标签名索引获取数据。通过下标获取数值采用 Series 名[索引号]的方式，也可以通过标签名获取数值采用 Series 名[标签名]。示例代码如下。

```
import pandas as pd
student = {'name':"张三",'age':18,'grade':"一年级"}
S1 = pd.Series(student,["name","age","grade","class"])
S4 = S1[1]
S5 = S1['age']
```

执行结果如图 3-8 所示。

S4	int	1	18
S5	int	1	18

图 3-8　Series 下标索引和标签索引 Series 数值

也可以通过多个下标 Series 名[[index1,index2]]来获取索引 index1 和 index2 对应的值，同样可以通过多个标签名 Series 名[[label1,label2]]获取到标签 label1 和 label2 对应的值。示例代码如下。

```
import pandas as pd
student = {'name':"张三",'age':18,'grade':"一年级"}
S1 = pd.Series(student,["name","age","grade","class"])
S6 = S1[[1,3]]
S7 = S1[['name','age']]
```

执行结果如图 3-9 所示。

图 3-9　Series 下标索引和标签索引

（3）通过切片索引多个数据。通过下标索引的切片 Series 名[index1:index2]来获取 Series 的数据，同样可以通过标签名的切片 Series[label1:label2]来获取 Series 的值。示例代码如下。

```
import pandas as pd
student = {'name':"张三",'age':18,'grade':"一年级"}
S1 = pd.Series(student,["name","age","grade","class"])
S8 = S1[0:3]
S9 = S1['name':'grade']
```

执行结果如图 3-10 所示。

图 3-10　通过下标和标签名切片获取多个数据

3. 布尔索引

在一些 Series 变量中，我们会遴选一些满足条件的数值，那么采用 Series 名[条件判断]，就可以筛选到指定范围的数值。示例代码如下。

```
import pandas as pd
import numpy as np
data = np.arange(1,7)
SBool = pd.Series(data,['A','B','C','D','E','F'])
S10 = SBool[SBool>3]
```

执行结果如图 3-11 所示。

图 3-11　Series 的布尔索引

上述代码中，定义了一个包含 6 个整数的 Series 类型数据 SBool，令 SBool[SBool>3] 就是索引值大于 3 的值为 True，小于或等于 3 的值为 False。那么 SBool[True]的数据就会输出，即筛选出 SBool 中所有值大于 3 的索引 index 和值。

4. 索引与值

令 Series 类型的变量乘以一个数，Series 的索引不发生改变，只是所有的值会乘以该数值。示例代码如下。

```
import pandas as pd
import numpy as np
data = np.arange(1,7)
SBool = pd.Series(data,['A','B','C','D','E','F'])
S10 = SBool[SBool>3]
S11 = S10*3
```

执行结果如图 3-12 所示。

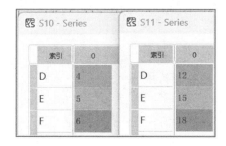

图 3-12　Series 乘以系数后索引 index 不变、值变

5. 序列的 name 属性

在生成 Series 变量后，可以采用 Series 名.name = 自定义名称，或 Series 名.index.name = 自定义名称，来改变 Series 数值列的标签名称和 Series 的索引的标签名称。示例代码如下。

```
import pandas as pd
import numpy as np
data = np.arange(1,7)
SBool = pd.Series(data,['A','B','C','D','E','F'])
SBool2 = SBool
SBool2.name = 'temp'
SBool2.index.name = "year"
```

执行结果如图 3-13 所示。

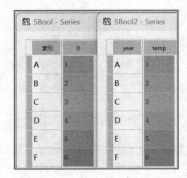

图 3-13　Series 的 name 属性

6. 读取序列的前几行

对于一个数据较长的序列对象，可以使用 Series 名.head(n)，读取序列的前 n 行数据。示例代码如下。

```
import pandas as pd
import numpy as np
data = np.arange(1,7)
SBool = pd.Series(data,['A','B','C','D','E','F'])
SBool2 = SBool
SBool2.name = 'temp'                        #对象名
SBool2.index.name = "year"
S12 = SBool2.head(2)
```

执行结果如图 3-14 所示。

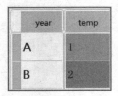

图 3-14　读取序列的前 2 行数据

7. 读取序列的后几行

对于一个数据较长的序列对象，可以使用 Series 名.tail(n)，读取序列的后 n 行数据，示例代码如下。

```
S13 = SBool2.tail(3)
```

执行结果如图 3-15 所示。

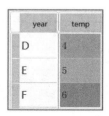

图 3-15　读取序列的后 3 行数据

3.3　数　据　框

数据框（dataframe）是 Pandas 库中的一个二维表格型数据结构，可以存储多种类型的数据，并且支持对数据进行各种操作。DataFrame 含有一组有序的列，每列可以是不同的值类型（数值、字符串、布尔型值）。DataFrame 既有行索引也有列索引，可以看成一组由 Series 值组成的字典，如图 3-16 所示。

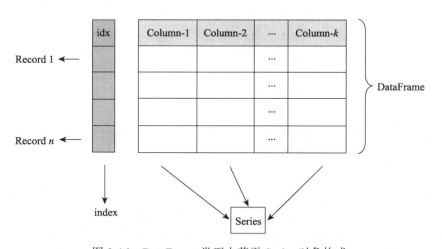

图 3-16　DataFrame 类型由若干 Series 对象构成

3.3.1　数据框创建

Pandas 中的 DataFrame 可以使用 DataFrame() 函数创建，使用方式如下：pandas.DataFrame(data, index, columns, dtype, copy)，其中参数及说明如表 3-3 所示。

表 3-3　DataFrame()函数参数及说明

参数	说　　明
data	一组数据，包括 ndarray、Series、map、lists、dict、constant 和另一个 DataFrame
index	行索引或行标签，主要用于序列 Series 数据的索引，如果没有指定索引值，则默认为 np.arange(n)
columns	列索引或列标签，如果没有指定索引值，则默认为 np.arange(n)
dtype	每列的元素数据类型
copy	此参数用于拷贝数据，默认为 False

创建一个 DataFrame，示例代码如下。

```
import pandas as pd
data  = {'Name':['赵一','钱二','孙三','李四'],
        'Age':[18,19,20,21],
        'Grade':['大一','大二','大三','大四'],
        'Major':['计算机','大数据','虚拟现实','网络工程'],
        'Score':[91.3,99.5,98.4,94.8]}
df = pd.DataFrame(data)
```

执行结果如图 3-17 所示。

索引	Name	Age	Grade	Major	Score
0	赵一	18	大一	计算机	91.3
1	钱二	19	大二	大数据	99.5
2	孙三	20	大三	虚拟现实	98.4
3	李四	21	大四	网络工程	94.8

图 3-17　创建的 DataFrame 变量 df

创建 DataFrame 的方式有很多，最常用的是直接传入一个由等长列表或 NumPy 数组组成的字典来形成 DataFrame。如图 3-17 代码运行结果所示，DataFrame 会自动加上索引并且全部列会被有序排列。

和 Series 一样，也可以在生成 DataFrame 对象时，指定 DataFrame 的列索引或列标签，行索引或行标签。如果传入的列在数据中找不到，就会生成 NaN 值。

创建一个 DataFrame，并指定列的排列顺序和行名，示例代码如下。

```
import pandas as pd
data  = {'Name':['赵一','钱二','孙三','李四'],
        'Age':[18,19,20,21],
        'Grade':['大一','大二','大三','大四'],
        'Major':['计算机','大数据','虚拟现实','网络工程'],
        'Score':[91.3,99.5,98.4,94.8]}
```

```
idx = ['第四名','第一名','第二名','第三名']
col = ['Name','Score','Major','Age','Class']
df = pd.DataFrame(data,index=idx,columns=col)
```

执行结果如图 3-18 所示。

索引	Name	Score	Major	Age	Class
第四名	赵一	91.3	计算机	18	nan
第一名	钱二	99.5	大数据	19	nan
第二名	孙三	98.4	虚拟现实	20	nan
第三名	李四	94.8	网络工程	21	nan

图 3-18　指定列名、行名和产生 NaN 值

3.3.2　数据框属性

DataFrame 的基础属性有 values、index、columns、size、dtypes、axes、ndim、empty、head、tail 和 shape，可以获取 DataFrame 的元素、索引、列名、元素个数、类型、维度、是否为空、返回 DataFrame 的开头几行、返回 DataFrame 的最后几行和形状。

创建一个 DataFrame，并显示 DataFrame 的基础属性值，示例代码如下。

```
import pandas as pd
data = {'Name':['赵一','钱二','孙三','李四'],
        'Age':[18,19,20,21],
        'Grade':['大一','大二','大三','大四'],
        'Major':['计算机','大数据','虚拟现实','网络工程'],
        'Score':[91.3,99.5,98.4,94.8]}
idx = ['第四名','第一名','第二名','第三名']
col = ['Name','Score','Major','Age','Class']
df = pd.DataFrame(data,index=idx,columns=col)

values  = df.values                     # df 的所有值
columns = df.columns                    # df 每列的标签名
size    = df.size                       # df 的元素个数
axes    = df.axes                       # df 的轴标签和列标签
dtype   = df.dtypes                     # df 每列的数据类型
ndim    = df.ndim                       # df 的维度
isempty = df.empty                      # df 是否为空的判断
head2   = df.head(2)                    # df 的前两行数据
tail2   = df.tail(2)                    # df 的后两行
shape   = df.shape                      # df 的形状
```

执行结果如图 3-19 所示。

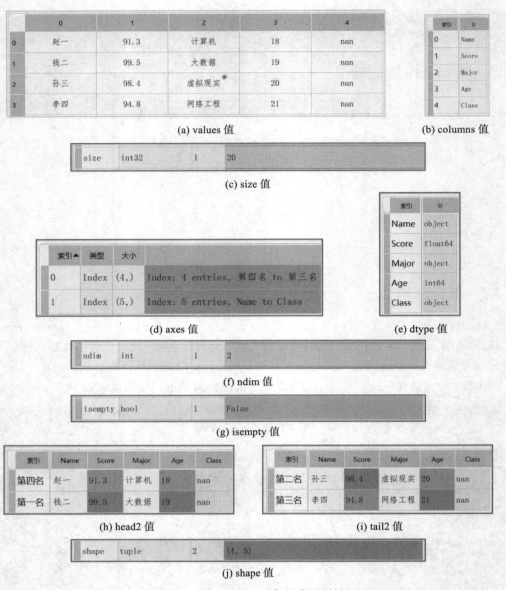

图 3-19   DataFrame 对象的常用属性

3.3.3   数据框切片

选取要进行分析的数据是最基础的 DataFrame 操作，可以通过行列索引和行列标签分别索引行列数据，也可以通过 DataFrame 的 loc、iloc 属性索引行列数据。其中，loc 属性是通过行、列的名称或标签来索引；iloc 属性是通过行、列的索引位置值来索引。在 Pandas 库中，DataFrame 对象提供了切片操作，可以用于选取数据框中的特定范围的行列数据。以下是一些基本的切片语法，我们以 DataFrame 型变量 df 为例进行说明。

（1）df.loc[start_row:end_row]：获取从 start_row（包含）到 end_row（不包含）的行。

（2）df.loc[:,col]：通过列名或列标签，选取指定 col1 列的所有行的数据。

（3）df.loc[:,col1:col2]：通过列名或列标签，选取从列 col1 到列 col2 所有行的数据。

（4）df.iloc[start:end, index]：通过行列索引位置值，选取行 start(包含)到行 end(不包含)的指定列的全部数据。

（5）df.iloc[:,index]：通过列索引选位置值，选取指定列的所有行的数据。

（6）df.iloc[:,index1:index2]：通过列索引位置值，选取列 index1 到列 index2 的所有行的数据。

创建一个 DataFrame 型变量 df，演示 DataFrame 变量的切片操作，示例代码如下。

```
import pandas as pd
dict = {'A':[1,2,3],'B':[4,5,6]}
df   = pd.DataFrame(dict)

data1 = df.loc[0]                #选取第 1 行的全部数据
data2 = df.loc[:,'A']            #选取第'A'列的全部数据
data3 = df.loc[0:1,'A':'B']      #选取'A'和'B'两列全部数据
data4 = df.iloc[0:2,0]           # 选取前两行和第 1 列的数据
data5 = df.iloc[:,0]             # 选取所有行和第 1 列的数据
data6 = df.iloc[0:2,0:2]         # 选取前两行和前两列的数据
```

执行结果如图 3-20 所示。

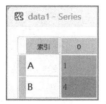

(a) 选取第 1 行数据

(b) 选取"A"列全部数据

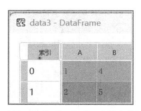

(c) 选取"A"和"B"两列全部数据

(d) 选取第 1 列前两行数据　　(e) 选取第 1 列全部数据　　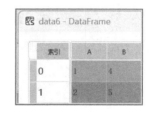

(f) 选取第 1、2 列前两行数据

图 3-20　DataFrame 型变量 df 的切片操作

3.4　外部文件读取

3.4.1　Excel 文件读取

Pandas 模块提供的 read_excel 函数可以从 Excel 电子表格中读取 xls、xlsx、xlsm 等多

种格式的数据到 DataFrame 中，其通常的调用格式如下，参数及说明如表 3-4 所示。

```
pandas.read_excel(io,sheet_name=0,header=0,names=None,index_col=None)
```

表 3-4　read_excel 函数常用参数及说明

参　　数	说　　明
io	接收表示文件的存储路径的字符串参数，无默认值
sheet_name	表示要读取的工作表名或序号，接收字符串、整数，默认读取最左边的工作表
header	标题行,表示用第几行数据作为列名，默认是 0，即第一行的数据作为表头
names	表示自定义表头的名称，接收数组参数
index_col	表示指定列为索引列，默认为 None,也就是索引为 0 的列作为行标签

下面通过实例读取一个 Excel 文件 DataFrame 类型。Excel 文件部分数据如图 3-21 所示。

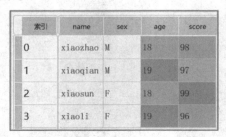

图 3-21　Excel 源文件内容

代码如下。

```
import pandas as pd
data1 = pd.read_excel("D:/Data/data.xlsx")
data2 = data1.head(4)
```

执行结果如图 3-22 所示。

索引	name	sex	age	score
0	xiaozhao	M	18	98
1	xiaoqian	M	19	97
2	xiaosun	F	18	99
3	xiaoli	F	19	96

图 3-22　read_excel 函数读取 xlsx 文件

3.4.2　txt 文件读取

Pandas 模块提供的 read_table 函数用于读取以分隔符形式存储的文本数据，默认情况下分隔符是制表符(\t)，也可以通过定义 sep 参数来指定分隔符。其通常的调用格式如下，参数及说明如表 3-5 所示。

```
Pandas.read_table(filepath_or_buffer, sep='\t', header='infer',
                  names=None, index_col=None)
```

表 3-5   read_table 函数常用参数及说明

参　　数	说　　明
filepath_or_buffer	接收表示文件的存储路径的字符串参数，无默认值
sep	指定原数据集中各变量之间的分隔符，默认为 tab 制表符
header	标题行,表示用第几行数据作为列名，默认是 0，即第一行的数据作为表头
names	表示自定义表头的名称，接收数组参数
index_col	表示指定列为索引列，默认为 None，也就是索引为 0 的列作为行标签

下面通过实例读取一个 txt 文件为 DataFrame 类型。txt 文件部分数据如图 3-23 所示。

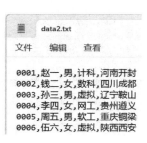

图 3-23   txt 源文件内容

代码如下。

```
import pandas as pd
data = pd.read_table("D:\\Data\\data2.txt",
            sep=',',
            names=["学号","姓名","性别","专业","籍贯"],
            converters={"学号":str})        #将学号列转换为字符串
head4=data.head(6)
```

执行结果如图 3-24 所示。

索引	学号	姓名	性别	专业	籍贯
0	0001	赵一	男	计科	河南开封
1	0002	钱二	女	数科	四川成都
2	0003	孙三	男	虚拟	辽宁鞍山
3	0004	李四	女	网工	贵州遵义
4	0005	周五	男	软工	重庆铜梁
5	0006	伍六	女	虚拟	陕西西安

图 3-24   read_table 函数读取 txt 文件

3.4.3　csv 文件读取

csv（comma-separated values）文件也称为逗号分隔值文件，是一种以纯文本形式存储表格数据的文件。在 Pandas 中使用 read_csv 函数来读取 csv 文件，其通常的调用格式如下，参数及说明如表 3-6 所示。

```
pandas.read_csv(filepath_or_buffer, sep=',', header='infer', names=None,
                encoding=None)
```

表 3-6　read_csv 函数常用参数及说明

参　　数	说　　明
filepath_or_buffer	文件的存储路径，接收字符串参数，无默认。可以用"r"进行非转义限定
sep	指定分隔符，接收字符串参数，csv 默认为逗号","。
header	指定第一行是否为列名，一般有三种用法：① 0 或忽略，表示数据第一行为列名；② None，表示数据没有列名；③常与 names 属性搭配使用。默认为 infer，表示自动识别
names	指定列名，一般用字符串列表表示。当 header=0 时，用 names 可以替换数据中的第一行作为列名；当 header=None，用 names 可以增加一行作为列名；如果没有 header 参数，用 names 会增加一行作为列名，原数据的第一行仍然保留
encoding	表示 Unicode 的文本编码格式，接收字符串，常用"utf-8"等编码格式

下面通过实例读取一个 csv 文件为 DataFrame 类型。csv 文件部分内容如图 3-25 所示。

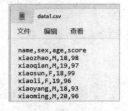

图 3-25　csv 源文件内容

代码如下。

```
import pandas as pd
data2 = pd.read_csv('D:/Data/data1.csv')
head = data2.head()
```

执行结果如图 3-26 所示。

索引	name	sex	age	score
0	xiaozhao	M	18	98
1	xiaoqian	M	19	97
2	xiaosun	F	18	99
3	xiaoli	F	19	96
4	xiaoyang	M	18	93

图 3-26　read_csv 函数读取 csv 文件

3.5 Pandas 数据处理

Pandas 数据处理是指对原始数据进行清洗、转换、整合等操作，以便于后续的分析和应用。其中，清洗是指去除原始数据中的噪声、异常值、重复值等，使得数据准确、可靠。数据清洗的方法包括删除无关数据、填充缺失值、纠正错误值、标准化数据等。数据转换是指将原始数据转换为适合分析的形式，比如将分类变量转换为数值型变量、将时间序列数据转换为统计量等。数据转换的方法包括独热编码、哑变量编码、分箱、离散化等。数据合并是指将多个数据集按照一定的规则进行组合，形成一个新的数据集。数据合并的方法包括内连接、左连接、右连接、外连接等。

3.5.1 数据清洗

在进行数据分析时，我们会发现很多数据集存在数据缺失、数据格式错误、错误数据或重复数据的情况，如果要使数据分析更加准确，就需要对这些没有用的数据进行预处理。数据清洗就是对获取到的数据进行清理、筛选、去重、格式化等操作，以确保数据质量和数据准确性。

1. 预处理空值或缺失值

（1）检查空值或缺失值。对于数据中的空值或缺失值，可以采用 Pandas 提供的 isnull 和 notnull 函数进行查询，它们也是 Series 和 DataFrame 对象的两个重要的方法。下面通过实例生成一个 DataFrame 对象，然后用 isnull 和 notnull 函数来判断空值/缺失值情况，示例代码如下。

```
import pandas as pd
import numpy as np
data = {'Id':[10023001,10023002,10023003,10023004,np.nan,10023006],
        '姓名':['赵一','钱二','孙三','李四',np.nan,'杨六'],
        '专业':['数科','计科','网工','虚拟',np.nan,'软工'],
        '高数':[98,96,97,100,np.nan,96],
        'C 语言':[97,94,98,95,np.nan,99],
        '体育':[np.nan,np.nan,np.nan,np.nan,np.nan,np.nan]}
df = pd.DataFrame(data)         #原始数据 df
df1 = df.isnull()               #基于 isnull()判断是否存在空值/缺失值 df1
df2 = df.notnull()              #基于 notnull()判断是否存在空值/缺失值 df2
```

执行结果如图 3-27 所示。

在 Pandas 中，缺失值表示为 NA，它表示为不可用（not available）。NA 数据可能是不存在的数据或者存在却没有被检测到的数据。

(a) df 原数据

索引	Id	姓名	专业	高数	C语言	体育
0	False	False	False	False	False	True
1	False	False	False	False	False	True
2	False	False	False	False	False	True
3	False	False	False	False	False	True
4	True	True	True	True	True	True
5	False	False	False	False	False	True

索引	Id	姓名	专业	高数	C语言	体育
0	True	True	True	True	True	False
1	True	True	True	True	True	False
2	True	True	True	True	True	False
3	True	True	True	True	True	False
4	False	False	False	False	False	False
5	True	True	True	True	True	False

(b) 基于 isnull() 判断是否存在空值/缺失值的的 df1 数据　　(c) 基于 notnull() 判断是否存在空值/缺失值 df2 数据

图 3-27　检查空值/缺失值

（2）空值或缺失值统计。这里我们可以用 isnull().sum() 和 notnull().sum() 来统计数据中的空值或缺失值。示例代码如下。

```
df3 = df.isnull().sum()        #基于 isnull() 的空值/缺失值检测统计
df4 = df.notnull().sum()       #基于 notnull() 的空值/缺失值检测统计
```

执行结果如图 3-28 所示。

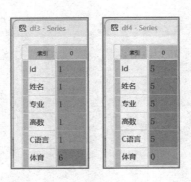

图 3-28　基于 isnull 和 notnull 函数的空值/缺失值检测

（3）删除空值/缺失值。在空值/缺失值的处理方法中，删除空值/缺失值是常用的手段之一。通过 dropna 方法可以删除具有空值/缺失值的行或列。dropna 方法调用格式如下，参数及说明如表 3-7 所示。

```
dropna(axis=0,how='any',thresh=None)
```

表 3-7　dropna 函数的参数及说明

参数	说　明
axis	默认，axis=0，当某行出现缺失值时，该行删除并返回；axis=1,当某列出现缺失值时，该列删除
how	确定缺失值数量，默认 how='any'，表示只要某行有缺失值就将该行删除；如果 how='all'，表示某行全部为缺失值才删除
thresh	设置阈值，当行列中非缺失值的数量少于给定的值就将该行删除

用 dropna 函数删除相应有空值/缺失值的行列，代码如下。

```
import pandas as pd
import numpy as np
data = {'Id':[10023001,10023002,10023003,10023004,np.nan,10023006],
        '姓名':['赵一','钱二',np.nan,'李四',np.nan,'杨六'],
        '专业':['数科','计科','网工','虚拟',np.nan,'软工'],
        '高数':[98,96,97,100,np.nan,96],
        'C 语言':[97,94,98,95,np.nan,99],
        '体育':[np.nan,np.nan,np.nan,np.nan,np.nan,np.nan]}
#原始数据 df
df = pd.DataFrame(data)
#用 dropna 方法删除全行为空值/缺失值的行
df1 = df.dropna(axis=0,how='all')
#用 dropna 方法删除全列为空值/缺失值的列
df2 = df.dropna(axis=1,how='all')
#用 dropna 方法删除全行全列为空值/缺失值的行和列
df3 = df.dropna(axis=0,how='all').dropna(axis=1,how='all')
```

执行结果如图 3-29 所示。

索引	Id	姓名	专业	高数	C语言	体育
0	10023001	赵一	数科	98	97	nan
1	10023002	钱二	计科	96	94	nan
2	10023003	nan	网工	97	98	nan
3	10023004	李四	虚拟	100	95	nan
4	nan	nan	nan	nan	nan	nan
5	10023006	杨六	软工	96	99	nan

(a) 原始数据 df

索引	Id	姓名	专业	高数	C语言	体育
0	10023001	赵一	数科	98	97	nan
1	10023002	钱二	计科	96	94	nan
2	10023003	nan	网工	97	98	nan
3	10023004	李四	虚拟	100	95	nan
5	10023006	杨六	软工	96	99	nan

(b) 删除全行为空值/缺失值的行

索引	Id	姓名	专业	高数	C语言
0	10023001	赵一	数科	98	97
1	10023002	钱二	计科	96	94
2	10023003	nan	网工	97	98
3	10023004	李四	虚拟	100	95
4	nan	nan	nan	nan	nan
5	10023006	杨六	软工	96	99

(c) 删除全列为空值/缺失值的列

索引	Id	姓名	专业	高数	C语言
0	10023001	赵一	数科	98	97
1	10023002	钱二	计科	96	94
2	10023003	nan	网工	97	98
3	10023004	李四	虚拟	100	95
5	10023006	杨六	软工	96	99

(d) 删除全行和全列为空值/缺失值的行和列

图 3-29　删除全行或全列为空值/缺失值的行列

（4）填充空值/缺失值。除了删除空值/缺失值的行列外，pandas 还提供了用均值、中位数和众数填充空值、缺失值的方法 fillna。fillna 方法的调用格式如下，其参数及说明如表 3-8 所示。

```
fillna(value=None,method=None,axis=None)
```

表 3-8   fillna 函数的参数及说明

参数	说　　明
value	填充缺失值的标量值或字典对象
method	插值方式
axis	指定填充的轴方向，默认为 axis=0

用 fillna 函数填充相应有空值/缺失值的行列，代码如下。

```
import pandas as pd
import numpy as np

#原始数据 df
df = pd.DataFrame(np.arange(25).reshape(5,5),
                  columns=['a','b','c','d','e'],
                  index=['A','B','C','D','E'])
df.iloc[1:4,3]=np.nan
df.iloc[2,1:3]=np.nan
#空值/缺失值\"0\:"填充:
df1 = df.fillna(value=0)
#空值/缺失值列均值填充:
df2 = df.fillna(value=df['d'].mean())
```

执行结果如图 3-30 所示。

(a) 原始数据 df   (b) 用 "0" 填充空值/缺失值   (c) 用均值填充空值/缺失值

图 3-30   填充空值/缺失值

2. 处理格式错误或不一致的数据

数据格式错误或不一致也会极大影响数据分析的结果。在进行数据分析前，可以将包含错误格式的行或列转换为相同格式的数据。用 astype 和 to_datetime 函数处理一些数据的格式，示例代码如下。

```
import pandas as pd
import numpy as np

#原始数据 df
df = pd.DataFrame({'date':['1949/10/01', '1997/07/01', '20351001',
                   '20491001'],
                   'data1':[98.98,100,50,11.23],
                   'data2':['One','Two','Three','Four']})
#将'data1'处理成整数
df['data1']=df['data1'].astype(np.int16)
#将'date'列处理成统一日期格式
df['date']=pd.to_datetime(df['date'])
```

执行结果如图 3-31 所示。

索引	date	data1	data2
0	1949/10/01	98.98	One
1	1997/07/01	100	Two
2	20351001	50	Three
3	20491001	11.23	Four

(a) 原始数据 df

索引	date	data1	data2
0	1949/10/01	98	One
1	1997/07/01	100	Two
2	20351001	50	Three
3	20491001	11	Four

(b) 将“data1”列的浮点数处理成整数

索引	date	data1	data2
0	1949-10-01 00:00:00	98	One
1	1997-07-01 00:00:00	100	Two
2	2035-10-01 00:00:00	50	Three
3	2049-10-01 00:00:00	11	Four

(c) 将“date”列的日期数据处理成统一格式

图 3-31　处理格式错误或不一致的数据

3. 处理错误数据

数据错误也是数据分析过程中经常会遇到的，一般我们可以采用替换或删除的方式来处理。以下代码演示了如何采用 map 和 replace 方法修改错误的数据，代码如下。

```
import pandas as pd
import numpy as np
#原始数据 df
df = pd.DataFrame({'姓名':['赵一','钱二','孙三','李四'],
                   '年龄':[1900,23,20,250],
                   '籍贯':['河南','四川',np.nan,'山东']})
def age(x):
    if x > 20:
        return 18
    else:
        return x
# 用 map 函数修改错误数据
df['年龄'] =     df['年龄'].map(age)
df1 = df
#用 replace 函数修改错误数据
df2 = df.replace(np.nan,'不详')
```

执行结果如图 3-32 所示。

索引	姓名	年龄	籍贯
0	赵一	1900	河南
1	钱二	23	四川
2	孙三	20	nan
3	李四	250	山东

(a) 原始数据 df

索引	姓名	年龄	籍贯
0	赵一	18	河南
1	钱二	18	四川
2	孙三	20	nan
3	李四	18	山东

(b) map 函数修正数据

索引	姓名	年龄	籍贯
0	赵一	18	河南
1	钱二	18	四川
2	孙三	20	不详
3	李四	18	山东

(c) replace 函数替换数据

图 3-32　处理错误数据

4. 处理重复数据

在数据分析中，也会出现重复的数据，一般只需要保留一个数据就行，其余的可以删除。在 Pandas 中，可以用 drop_duplicates 方法去预处理重复数据。用 drop_duplicates 函数处理 DataFrame 数据中重复数据，代码如下。

```python
import pandas as pd

# 原始数据 df
df = pd.DataFrame({'姓名':['赵一','钱二','孙三','李四','赵一'],
                   '年龄':[19,23,20,25,19],
                   '籍贯':['河南','四川','陕西','山东','河南']})
#用 drop_duplicates 去除重复数据
df1 = df.drop_duplicates()
```

执行结果如图 3-33 所示。

索引	姓名	年龄	籍贯
0	赵一	19	河南
1	钱二	23	四川
2	孙三	20	陕西
3	李四	25	山东
4	赵一	19	河南

(a) 原始数据

索引	姓名	年龄	籍贯
0	赵一	19	河南
1	钱二	23	四川
2	孙三	20	陕西
3	李四	25	山东

(b) 去除 DataFrame 中的重复数据

图 3-33　去除重复数据

3.5.2　数据转换

1. 哑变量处理

哑变量（dummy variable）处理是一种将分类变量转换为数值型变量的方法，以便将其用于机器学习模型中。通常按照类别用 0 和 1 来表示。Pandas 库中用 get_dummies 函数来对类别型特征数据进行哑变量处理，代码如下。

```
import pandas as pd

# 原始数据df
df = pd.DataFrame({'姓名':['赵一','钱二','孙三','李四'],
                   '年龄':[19,20,20,19],
                   '身高':[181,179,189,171],
                   '等级':['类型1','类型2','类型1','类型2']})
#用get_dummies进行哑变量数据处理
df1 = df.drop_duplicates()
```

执行结果如图 3-34 所示。

索引	姓名	年龄	身高	等级
0	赵一	19	181	类型1
1	钱二	20	179	类型2
2	孙三	20	189	类型1
3	李四	19	171	类型2

(a) 原数据 df

索引	年龄	身高	姓名_孙三	姓名_李四	姓名_赵一	姓名_钱二	等级_类型1	等级_类型2
0	19	181	0	0	1	0	1	0
1	20	179	0	0	0	1	0	1
2	20	189	1	0	0	0	1	0
3	19	171	0	1	0	0	0	1

(b) 哑变量处理后的 DataFrame 数据

图 3-34　哑变量转换数据

对于一个类别型特征，若其取值有 m 个，则经过哑变量处理后就变成了 m 个二元特征，并且这些特征互斥，每次只有一个激活，这使得数据变得稀疏。对类别型特征进行哑变量处理主要解决了部分算法模型无法处理类别型数据的问题，这在一定程度上起到了扩充特征的作用。由于数据变成了稀疏矩阵的形式，因此也加速了算法模型的运算速度。

2. 数据标准化

数据标准化是一个常用的数据处理操作，目的是处理不同规模和量纲的数据，使其缩放到相同的数据区间和范围，以减少规模、特征、分布差异等造成的影响。通过以下实例展示最小-最大标准化和 Z-score 标准化，代码如下。

```
import pandas as pd
import numpy as np

df = pd.DataFrame({'A':np.arange(0,10,2),
                   'B':np.arange(20,30,2),
                   'C':np.arange(40,50,2),
                   'D':np.arange(60,70,2)},
                   index=['a','b','c','d','e'])
# 最小-最大标准化
df1 = (df - df.min())/(df.max() - df.min())
# Z-score标准化
df2 = (df - df.mean())/(df.std())
```

执行结果如图 3-35 所示。

索引	A	B	C	D
a	0	20	40	60
b	2	22	42	62
c	4	24	44	64
d	6	26	46	66
e	8	28	48	68

(a) 原始数据 df

索引	A	B	C	D
a	0	0	0	0
b	0.25	0.25	0.25	0.25
c	0.5	0.5	0.5	0.5
d	0.75	0.75	0.75	0.75
e	1	1	1	1

(b) 最小-最大标准化结果

索引	A	B	C	D
a	−1.26491	−1.26491	−1.26491	−1.26491
b	−0.632456	−0.632456	−0.632456	−0.632456
c	0	0	0	0
d	0.632456	0.632456	0.632456	0.632456
e	1.26491	1.26491	1.26491	1.26491

(c) Z-Score 标准化结果

图 3-35　数据标准化

3. 连续数据离散化

数据离散化是指将连续数据按照一定的方法划分为离散型数据的过程。例如，我们可以将一组年龄数据按照一定的标准划分为儿童、少年、青年、中年、老年等 5 个离散的类别。Pandas 提供了 cut() 函数，可以进行这样的连续数据的离散化处理。cut() 函数的调用方法如下：Pandas.cut(x,bins,labels=None)，其参数及说明如表 3-9 所示。

表 3-9　cut() 函数的参数及说明

参　数	说　　明
x	传入的一维的 arrary 或 Series 待离散化的数组
bins	指定切片方式。若为整数表示离散化后的类别数目；若为序列表示切片区间
labels	表示离散后各个类别的名称

以下代码展示了连续数据离散化过程：

```python
import pandas as pd
#原始数据 df
df = pd.DataFrame({'年龄':[5,13,83,18,45,37]})
# 定义离散化的区间和标签
bins=[0,6,17,40,65,120]
labels= ['儿童','少年','青年','中年','老年']
# 对数据离散化
df['bins']=pd.cut(df['年龄'],bins=bins,labels=labels)
```

执行结果如图 3-36 所示。

索引	年龄
0	5
1	13
2	83
3	18
4	45
5	37

(a) 原始数据 df

索引	年龄	bins
0	5	儿童
1	13	少年
2	83	老年
3	18	青年
4	45	中年
5	37	青年

(b) 离散化 df

图 3-36　连续数据离散化

3.5.3 数据合并

在数据分析中，常常需要对来自不同数据源的数据进行合并。Pandas 提供了 merge 和 concat 两种方法来完成这样的数据融合工作。这两种方法的常用调用方法如下，其参数及说明如表 3-10 所示。

```
pandas名.merge(left,right,how='inner')
pandas名.concat(objs,axis=0,join='outer')
```

表 3-10　merge 函数和 concat 函数的参数及说明

参　　数	说　　明
left right	表示需要合并的两个不同 DataFrame 类型数据
how	指定合并方法，默认为内部合并
objs	指定参与合并的对象，不可缺省参数
axis	指定合并的轴向
join	指定合并的方法，默认外部合并

下面通过实例生成两个 DataFrame 数据，然后通过 merge 和 concat 方法进行数据合并，代码如下。

```
import pandas as pd
import numpy as np
#蔬菜价格
price = pd.DataFrame({'蔬菜':['黄瓜','茄子','萝卜','豆角'],
                      '价格':[2.0,3.76,0.5,1.75]})
#蔬菜重量
weight = pd.DataFrame({'蔬菜':['黄瓜','茄子','萝卜','豆角'],
                       '重量':[3,4,6,8]})
#蔬菜的 merge 方式合并价格和重量
df1 = pd.merge(price,weight)
#蔬菜的 concat 方式合并价格和重量
df2 = pd.concat([price,weight],axis=1,join='inner')
```

执行结果如图 3-37 所示。

(a) 原始蔬菜价格数据　(b) 原始蔬菜重量数据　　(c) merge 方式合并　　　(d) concat 方式合并

图 3-37　数据合并

3.6　Pandas 数据分析

3.6.1　分组聚合统计分析

在 Pandas 中：数据分组是根据某个或某几个字段对数据集进行分组分析与转换；数据聚合是对分组后的数据进行求总和、最大值、最小值、平均值等统计计算，产生标量值和数据转换。DataFrame 数据分组与聚合统计分析的过程如图 3-38 所示。

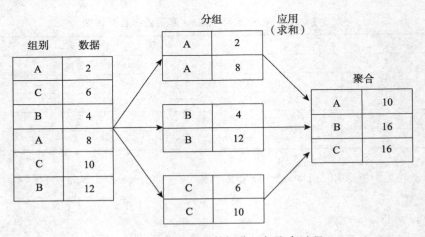

图 3-38　DataFrame 数据分组与聚合过程

DataFrame 数据的分组与聚合统计过程可以简单分为如下步骤。

第一步：将数据集按照一定标准拆分为若干分组。

第二步：将某个统计函数或方法应用到每个分组。

第三步：将产生的新值整合到结果对象中。

在 Pandas 中，通过 groupby()方法根据某个或某几个字段将数据分成若干个组，其函数的调用格式如下，参数及说明如表 3-11 所示。

```
DataFrame.groupby(by=None,axis=0,level=None,as_index=True,sort=True)
```

表 3-11　groupby 函数参数及说明

参　　数	说　　明
by	分组依据，可以是函数、字典、Series 等参数，常用列名
axis	指定操作的轴方向，默认对列的值属性进行分组
level	表示标签所在级别，默认为 None
as_index	表示分组列名是否作为输出的索引，默认为 True
sort	表示分组依据和分组标签排序，默认为 True

数据聚合就是分组后对数据进行计算，生成标量值的数据统计过程。常用的聚合函数

有 count()、sum()、mea()、median()、std()、var()、min()、max()等，利用 agg()方法进行数据的计数、求和、求均值、求中位数、求标准差、求方差以及求最大最小值等。

1. 按列名分组聚合

groupby 的分组中可以采用 DataFrame 数据的列索引名来作为分组键，示例代码如下。

```
import pandas as pd
import numpy as np
# df 原始数据
df = pd.DataFrame({'key1':['a','a','b','b','a'],
                   'key2':['F','M','F','F','M'],
                   'dat1':np.random.rand(5),
                   'dat2':np.arange(5)})

#df 按列名进行分组
df1 = df['dat1'].groupby(df['key1']).sum()
```

执行结果如图 3-39 所示。

索引	key1	key2	dat1	dat2
0	a	F	0.833508	0
1	a	M	0.231163	1
2	b	F	0.76855	2
3	b	F	0.00234998	3
4	a	M	0.153176	4

key1	dat1
a	1.21785
b	0.7709

(a) 原始数据 df   (b) df 按列分组

图 3-39　按列名分组聚合

2. 按列表分组聚合

DataFrame 数据的分组键可以是与其行数形同的列表，等同于将列表作为 DataFrame 数据的一列，然后再进行分组，实例代码如下。

```
import pandas as pd
import numpy as np
# df 原始数据
df = pd.DataFrame({'key1':['a','a','b','b','a'],
                   'key2':['F','M','F','F','M'],
                   'dat1':np.random.rand(5),
                   'dat2':np.arange(5)})
# df 按列表分组
col=['A','A','B','B','A']
df1 = df.groupby(col).mean()
```

执行结果如图 3-40 所示。

索引	key1	key2	dat1	dat2
0	a	F	0.168142	0
1	a	M	0.445105	1
2	b	F	0.370751	2
3	b	F	0.821856	3
4	a	M	0.788598	4

索引	dat1	dat2
A	0.467282	1.66667
B	0.596304	2.5

(a) 原始数据 df　　　　　　(b) df 按列表分组

图 3-40　按列表分组聚合

3. 按字典分组聚合

在进行数据分析时，如果原始的 DataFrame 中的分组信息很难确定或不存在，那么可以通过字典结构定义分组信息来进行分组聚合。通过一个实例来演示按字典分组聚合的过程，示例代码如下。

```python
import pandas as pd
import numpy as np
# df 原始数据
df = pd.DataFrame(np.arange(30).reshape(6,5),
                  index=['a','B','c','b','C','A'],
                  columns=['Col1','Col2','Col3','Col4','Col5'])
# df 按字典分组
dict={'a':'1th','A':'1th','b':'2th','B':'2th','c':'3th','C':'3th'}
df1 = df.groupby(dict).agg('sum')
```

执行结果如图 3-41 所示。

索引	Col1	Col2	Col3	Col4	Col5
a	0	1	2	3	4
B	5	6	7	8	9
c	10	11	12	13	14
b	15	16	17	18	19
C	20	21	22	23	24
A	25	26	27	28	29

索引	Col1	Col2	Col3	Col4	Col5
1th	25	27	29	31	33
2th	20	22	24	26	28
3th	30	32	34	36	38

(a) 原始数据 df　　　　　　　　　(b) df 按字典分组

图 3-41　按字典分组聚合

4. 按函数分组聚合

在进行数据分析时，也可以按照函数通过映射关系来进行分组。通过实例来演示按照函数进行 DataFrame 数据分组的过程，示例代码如下。

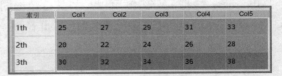

```python
import pandas as pd
import numpy as np
def select(num):
```

```
    if num >= 10:
        return 'Right'
    else:
        return 'Wrong'
#df 原始数据
df = pd.DataFrame(np.arange(0,20).reshape(4,5),
                                columns=['a','b','c','d','e'],
                                index=['1th','2th','3th','4th'])

#df 按函数分组聚合
df1 = df['d'].groupby(df['d'].map(select)).agg('median')
```

执行结果如图 3-42 所示。

(a) 原始数据 df   (b) df 按字典分组

图 3-42   按函数分组聚合

通过实例演示分别进行单键、多键和一键多索引分组聚合统计分析的过程，代码如下。

```
import pandas as pd
import numpy as np

#df 原数据
df = pd.DataFrame({'key1':list('aaabbbcc'),
                   'key2':['1th','1th','1th','2th','2th',
                   '2th','3th','3th'],
                   'value1':[1,2,3,4,5,6,7,8],
                   'value2':[4,5,6,7,8,9,10,11]})
#df 单键分组
df1 = df.groupby('key1').groups
print('df 单键分组: \n',df.groupby('key1').groups)
print('\n')

#df 多键分组
df2 = df.groupby(['key1','key2']).groups
print('df 多键分组: \n',df.groupby(['key1','key2']).groups)

#df 单键单个聚合
df3 = df.groupby('key1').agg({'value1':'sum'})

#df 多键单个聚合
df4 = df.groupby(['key1','key2']).agg({'value1':'sum'})

#df 单键多个聚合
df5 = df.groupby('key1').agg({'value1':['sum','mean','std']})
```

```
# df 单键多列的多个聚合
df6 = df.groupby('key1').agg({'value1':['sum','mean','std'],
                              'value2':['sum','mean','std']})

#df 多键多列的多个聚合
df7 = df.groupby(['key1','key2']).agg(
{'value1':['sum', 'mean', 'std'],
                                   'value2':['sum','mean','std']})
```

执行结果如图 3-43 所示。

索引	key1	key2	value1	value2
0	a	1th	1	4
1	a	1th	2	5
2	a	1th	3	6
3	b	2th	4	7
4	b	2th	5	8
5	b	2th	6	9
6	c	3th	7	10
7	c	3th	8	11

(a) 原始数据 df

df单键分组：
{'a': [0, 1, 2], 'b': [3, 4, 5], 'c': [6, 7]}

(b) df 单键分组

df多键分组：
{('a', '1th'): [0, 1, 2], ('b', '2th'): [3, 4, 5], ('c', '3th'): [6, 7]}

(c) df 多键分组

key1	value1
a	6
b	15
c	15

(d) df 单键单个聚合

	key1	key2	value1
0	a	1th	6
1	b	2th	15
2	c	3th	15

(e) df 多键单个聚合

索引 0	0	1	2
None	value1	value1	value1
None	sum	mean	std
a	6	2	1
b	15	5	1
c	15	7.5	0.707107

(f) df 单键多个聚合

索引 0	0	1	2	3	4	5
None	value1	value1	value1	value2	value2	value2
None	sum	mean	std	sum	mean	std
a	6	2	1	15	5	1
b	15	5	1	24	8	1
c	15	7.5	0.707107	21	10.5	0.707107

(g) df 单键多列的多个聚合

	索引 0	索引 1	0	1	2	3	4	5
索引 0		None	value1	value1	value1	value2	value2	value2
索引 1	key1	None	sum	mean	std	sum	mean	std
0	a	1th	6	2	1	15	5	1
1	b	2th	15	5	1	24	8	1
2	c	3th	15	7.5	0.707107	21	10.5	0.707107

(h) df 多键多列的多个聚合

图 3-43　DataFrame 数据分组与聚合

3.6.2 透视表与交叉表分析

1. 数据透视表

数据透视表是一种在 Excel 中极为常见的数据分析技术，它可以将原始数据以任意维度进行聚合，并展示在新的表格中。在 Pandas 中，可以使用 pivot_table 函数实现，其调用格式如下，参数及说明如表 3-12 所示。

```
Pandas.pivot_table(data,values=None,index=None,columns=None,
                   aggfunc='mean',fill_value=None,margins=False,
                   dropna=True,margins_name='all')
```

表 3-12　pivot_table 函数常用参数及说明

参　　数	说　　明
data	原始 DataFrame 数据，无默认，必填
values	聚合的数据字段，可以是一个单独的列名称，也可以是列表的多列名，可选
index	指定行分组键，可选
columns	指定列分组键，可选
aggfunc	指定聚合函数，默认为 mean
fill_value	指定替换空值/缺失值的标量值，可选
margins	空值汇总功能开关
dropna	指定是否删除结果中的空值/缺失值，可选，默认为 True
margins_name	用于添加总计行或列的名称，可选，默认为 All

利用 pivot_table 按每个城市的平均温度来展示数据透视表的功能，示例代码如下。

```
import pandas as pd
import numpy as np
#df 原数据
df = pd.DataFrame({"时间":["12:00","13:00","12:30","13:00"],
               "城市":["成都","重庆","武汉","南京"],
               "温度":[28,36,32,33]})
#df 的 pivot 的透视表
pivot = pd.pivot_table(df,index=["城市"],
values=["温度"],aggfunc='mean')
```

执行结果如图 3-44 所示。

(a) 原始数据 df　　　(b) df 透视表

图 3-44　pivot_table 函数创建数据透视表

利用分类汇总求和，并用透视表 pivot_table 展示，代码如下。

```python
import pandas as pd
import numpy as np
#df 原数据
df = pd.DataFrame({'key1':['a','b','b','b','c','c','a','c','a','b'],
                   'key2':['1th','2th','3th','1th','1th','2th','3th',
                   '2th','1th','2th'],
                   'One':np.random.rand(10),
                   'Two':np.random.randn(10)})
#df 分类求和的 pivot 透视表
df1 = df.pivot_table(index='key1', columns='key2', aggfunc='sum')
```

执行结果如图 3-45 所示。

索引	key1	key2	One	Two
0	a	1th	0.0822637	-1.27116
1	b	2th	0.926165	-1.05402
2	b	3th	0.847952	-0.31185
3	b	1th	0.445098	1.50725
4	c	1th	0.28742	0.370772
5	c	2th	0.00338468	-1.02309
6	a	3th	0.571437	-1.03068
7	c	2th	0.430873	0.126085
8	a	1th	0.921934	-0.682871
9	b	2th	0.199306	1.48212

(a) 原始数据 df

索引 0	0	1	2	3	4	5
None	One	One	One	Two	Two	Two
key2	1th	2th	3th	1th	2th	3th
a	1.0042	nan	0.571437	-1.95403	nan	-1.03068
b	0.445098	1.12547	0.847952	1.50725	0.428108	-0.31185
c	0.28742	0.434258	nan	0.370772	-0.897001	nan

(b) df 分类求和的 pivot 透视表

图 3-45　pivot 数据多键透视表

2. 交叉表

交叉表是一种在统计学和数据分析中常用的表格形式，是一种特殊的透视表，主要用于计算分组频率。它可以展示两个或多个因素的聚合结果，并在列和行显示汇总数据。在 Pandas 中，我们可以使用 crosstab 方法来创建交叉表，其格式如下，其参数及说明如表 3-13 所示。

```python
Pandas.crosstab(index,columns,values=None,rownames=None,
                colnames=None,aggfunc=None,margins=False,
                margins_name='All',dropna=True,normalize=False)
```

表 3-13　corsstab 函数常用参数及其说明

参　　数	说　　明
index	指定行索引键，无默认值
columns	指定列索引键
values	指定聚合数据，可选
rownames	指定行分组键，无默认

参　　数	说　　明
Colnames	指定列分组键
aggfunc	指定聚合函数
margins	增加行/列的边距
margins_name	margins 为 True 时包含总数的行/列的名称
dropna	指定是否删除全为 NaN 的列，默认为 False
normalize	指定是否显示百分比

下面以水果、蔬菜和肉类的数据建立交叉表为例，按类别分组，统计各个分组中产地的频数，代码如下。

```
import pandas as pd
import numpy as np
#df 原始数据
df = pd.DataFrame(
{'类别':['水果','水果','水果','蔬菜','蔬菜','肉类','肉类'],
        '产地':['四川','陕西','甘肃','四川','陕西','四川','陕西'],
        '数量':[6,7,9,13,8,9,7],
        '价格':[5, 6, 25, 20, 12,6,7]})
#df 的 crosstab 交叉表
df1 =pd.crosstab(df['类别'], df['产地'],margins=True)
```

代码执行结果如图 3-46 所示。

索引	类别	产地	数量	价格
0	水果	四川	6	5
1	水果	陕西	7	6
2	水果	甘肃	9	25
3	蔬菜	四川	13	20
4	蔬菜	陕西	8	12
5	肉类	四川	9	6
6	肉类	陕西	7	7

类别	四川	甘肃	陕西	All
水果	1	1	1	3
肉类	1	0	1	2
蔬菜	1	0	1	2
All	3	1	3	7

(a) 原始数据 df　　　　　　　(b) df 的 crosstab 交叉表

图 3-46　crosstab 交叉表

本 章 小 结

本章作为 Python 数据分析与挖掘的重要章节：首先介绍了 Pandas 名称由来和在数据分析中的重要作用；其次分别介绍了 Pandas 中两种重要的数据类型：序列和数据框；再次介绍了 3 种外部文件读取函数 read_excel、read_table 和 read_csv 的使用方法；重点介绍了 Pandas 的数据清洗、数据转换和数据合并 3 种重要的数据处理作用；最后对分组聚合统计分析和透视表与交叉表分析进行了介绍。

 习题

1. 创建一个 Python 脚本文件，读取数据集 mtcars 并实现以下操作。

（1）查看 mtcars 数据集的维度、大小等信息。

（2）使用 describle 方法对整个 matcars 数据集进行描述性统计。

（3）计算不同 cyl（气缸数）、carb（化油器）对应的 mpg（油耗）和 hp（马力）的均值。

2. 创建一个 Python 脚本，实现以下功能。

（1）读取股票交易数据（stock trading.xlsx）并用一个数据框变量 data 保存，数据内容如下表所示。

股票代码	交易日期	收盘价/元	交易量/手
600001	2021/3/8	16.3	16237125
600001	2021/3/9	16.33	29658734
600001	2021/3/10	16.3	26437646
600001	2021/3/11	16.18	17195598
600001	2021/3/12	16.2	14908745
600001	2021/3/15	16.19	7996756
600001	2021/3/16	16.16	9193332
600001	2021/3/17	16.12	8296150
600001	2021/3/18	16.27	19034143
600001	2021/3/19	16.56	53304724
600001	2021/3/22	16.4	12555292
600001	2021/3/23	16.48	11478663
600001	2021/3/24	16.54	12180687
600001	2021/3/25	16.6	14288268

（2）对 data 变量第 3 列、第 4 列进行切片，切片后得到一个新的数据框记为 data1，并对 data1 利用获取自身属性的方法得到数据框的值，并将值存放于变量 pa 中。

（3）基于 data 的第 2 列，构造一个逻辑数组 TF，即满足交易日期小于或等于 2021/3/23 且大于或等于 2021/3/11 为真，否则为假。

（4）以逻辑数组 TF 为索引，取数组 pa 中的第 2 列交易量数据并求和，记为 Sum。

 即测即练

Matplotlib数据可视化

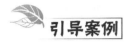 **引导案例**

竹林幻梦——小熊的数据之旅

曾经有一只名叫小熊的熊猫，它生活在一个美丽的竹林中。小熊非常喜欢吃竹子，每天都会不停地吃。有一天，小熊决定记录下自己每天吃竹子的数量，并用 Matplotlib 来可视化展示。他希望通过可视化来展示自己的竹子消费量和变化趋势。

小熊每天都会吃不同数量的竹子，有时候他吃得很多，有时候吃得很少。他记录了自己一个月的竹子消费数据。然后，小熊使用 Matplotlib 的折线图功能，将自己每天吃的竹子数量以折线的形式展示出来。横轴表示日期，纵轴表示竹子的数量。每个数据点代表一天的竹子消费量。小熊还使用了 Matplotlib 的颜色映射功能，将折线的颜色根据竹子消费量的多少进行渐变，使得图像更加生动有趣。

小熊非常满意地展示自己的作品给其他动物朋友们看。大家都被这个有趣的小故事所吸引，通过可视化，他们能够更直观地了解小熊每天吃竹子的情况，以及他的竹子消费量的变化趋势。小熊的故事告诉我们，Matplotlib 不仅仅是一个数据可视化库，它是一个讲述故事的工具，能够将数据变成生动有趣的图像，帮助我们更好地理解和传达数据背后的故事。

无论是动物观察者、数据科学家还是普通用户，Matplotlib 都是一个强大的工具，可以帮助我们将数据变得更加生动有趣，并通过可视化来讲述各种有趣的故事。

4.1　数据可视化与 Matplotlib 简介

1. 数据可视化简介

数据可视化（data visualization），在维基百科的定义为：一种表示数据或信息的技术，它将数据或信息编码为包含在图形里的可见对象，如点、线、条等，目的是将信息更加清晰有效地传达给用户，是数据分析或数据科学的关键技术之一。简单地说，数据可视化就是以图形化方式表示数据。决策者可以通过图形直观地看到数据分析结果，从而更容易理解业务变化趋势或发现新的业务模式。使用可视化工具，可以在图形或图表上进行下钻，以进一步获得更细节的信息，交互式地观察数据改变或处理过程。

视频 4.1　数据可视化与 Matplotlib 简介微课视频

2. 数据可视化的作用

数据可视化在机器学习和数据科学中是很重要的组成部分。在数据分析阶段，数据可视化能够帮助我们理解洞察数据间关系；在算法调试阶段，数据可视化能够发现问题，优化算法；在项目总结阶段，数据可视化能够展示项目成果。

3. 数据可视化的一般流程

数据可视化尽管可能涉及的数据量大、业务复杂、分析繁琐，但总遵循着基本的流程进行，广义的数据可视化的流程如图 4-1 所示。

图 4-1　数据可视化流程

4. Matplotlib 简介

Matplotlib 是一个用于在 Python 中创建静态、动画和交互式可视化的综合库，是 Python 中最常用的可视化工具之一，能够绘制出高质量的常见的二维图形和基本的三维图形，以及可缩放、平移、更新的交互式图形。

由于 Anaconda 已经安装了 Matplotlib 库，所以只需要在 Spyder 中导入即可使用。导入 Matplotlib 库使用命令如下。

```
import matplotlib
```

4.2　Matplotlib 绘图基础

本节将详细介绍 Matplotlib 常见图表、图表组件、绘图流程等。

4.2.1　Matplotlib 常见图表

Matplotlib 可以绘制线图、散点图、饼图、漏斗图、条形图、柱状图、3D 图形，甚至是图形动画等。图 4-2 列出了 8 种 Matplotlib 常见图表的效果图。

视频 4.2　Matplotlib 绘图基础微课视频

4.2.2　Matplotlib 图表构成

Matplotlib 图表大致可以分为以下 5 个层次结构。

画板（canvas）：位于最底层，导入 Matplotlib 包时就自动存在。

画布（figure）：建立在画板之上，从这一层开始能设置参数。

坐标系（axes）：将画布分成不同块，是绘制图表的实际区域，也称为绘图区。

坐标轴（axis）：坐标系中的 x 轴、y 轴、z 轴轴线，属性包括轴的长度、标签和刻度等。

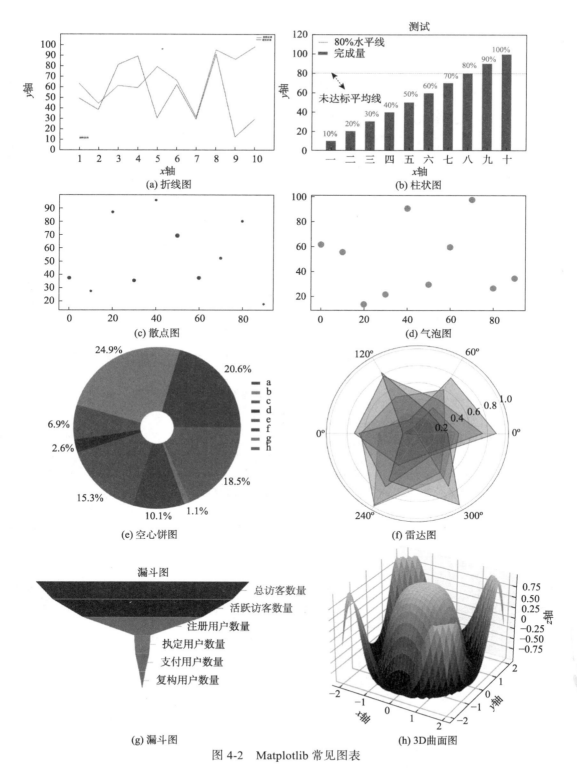

图 4-2　Matplotlib 常见图表

组件（artist）：每个在图形中出现的元素都是绘图组件，包括图表标题、图例等。

以上图表各构成要素如图 4-3 所示。

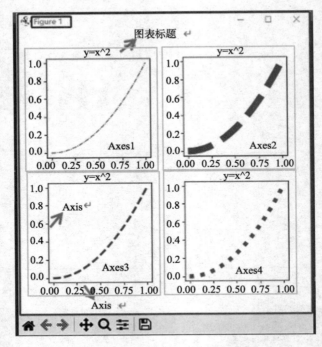

图 4-3   Matplotlib 图表构成

4.2.3   Matplotlib 绘图流程

Matplotlib 库中的 Pyplot 模块是最常用的绘图模块。根据 Matplotlib 图表的 4 层结构，Pyplot 模块基本绘图流程主要分为 3 个部分，如图 4-4 所示。

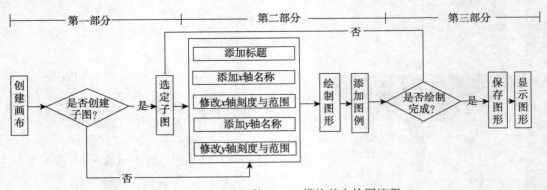

图 4-4   Matplotlib 的 Pyplot 模块基本绘图流程

1. 创建画布与创建子图

第一部分主要是创建一张空白的画布，如果需要同时展示几个图形，可将画布划分为多个区域，然后使用对象方法来完成其余的工作，示例代码如下。

```
import matplotlib.pyplot as plt
fig = plt.figure()                    #创建画布
ax1 = pic.add_subplot(2,1,1)          #将画布划分2*1图形区域并选择第1个区域
```

2. 绘制图表

第二部分是绘图的主体部分。添加标题，坐标轴及其属性，绘制图形等步骤是并列的，没有先后顺序，但添加图例一定在绘制图形之后。常用的函数及功能如表 4-1 所示。

表 4-1　绘制图表常用函数

函数名称	函　数　功　能
title	在当前图形中添加标题，可以指定标题的名称、位置、颜色、字体大小等参数
xlabel	在当前图形中添加 x 轴名称，可以指定位置、颜色、字体大小等参数
ylabel	在当前图形中添加 y 轴名称，可以指定位置、颜色、字体大小等参数
xlim	指定当前图形 x 轴的范围，只能确定一个数值空间，而无法使用字符串标识
ylim	指定当前图形 y 轴的范围，只能确定一个数值空间，而无法使用字符串标识
xticks	指定 x 轴刻度的数目与取值
yticks	指定 y 轴刻度的数目与取值
legend	指定当前图形的图例，可以指定图例的大小、位置、标签

3. 图表保存与展示

经过以上两部分绘制好图表之后，可以进行保存与展示。常用的函数及功能如表 4-2 所示。

表 4-2　图表保存与展示常用函数

函数名称	函　数　功　能
savefig	保存绘制的图片，可以指定图片的分辨率、边缘的颜色等参数
show	在本机显示图形

4. 设置 Pyplot 的动态 rc 参数

Pyplot 使用 rc 配置文件来自定义图形的各种默认属性，由于默认的 Pyplot 字体并不支持中文字符显示，需要通过 font.sans-serif 参数设置绘图时的字体，同时由于更改字体设置后，会导致坐标轴中的负号无法显示，因此需要同步设置 axes.unicode_minus 参数。

```
plt.rcParams['font.sans-serif'] = 'SimHei' #设置中文显示
plt.rcParams['axes.unicode_minus'] = False #设置坐标轴'-'显示
```

另外，rc 参数还可以管理设置文本、箱线图、坐标轴、刻度、图例、标记、图片、图像保存等属性。

（1）线条常用的 rc 参数。Pyplot 模块中管理线条常用的 rc 参数可以对线条样式、宽度、

线条上点的形状等属性进行设置，其参数名称、释义与取值如表 4-3 所示。

表 4-3　线条常用的 rc 参数

rc 参数名称	释　义	取　　值
lines.linewidth	线条宽度	取 0~10 之间的数值，默认 1.5
lines.linestyle	线条样式	可取 "-" "--" "-." ":" 四种，默认 "-"
lines.marker	线条上点的形状	可取 "o" "D" "h" "." "S" "," 等 20 种，默认 None
lines.markersize	点的大小	取 0~10 之间的数值，默认 1

其中，lines.linestyle 参数控制线条样式的设置，其取值及释义如表 4-4 所示。

表 4-4　lines.linestyle 参数

linestyle 参数取值	释　义	linestyle 参数取值	释　义
-	实线	-.	点线
--	长虚线	:	点虚线

lines.marker 参数控制线条上点的形状，其取值及释义如表 4-5 所示。

表 4-5　lines.marker 参数

marker 参数取值	释　义	Marker 参数取值	释　义
o	圆圈	.	点
D	长虚线	S	点虚线
h	六边形 1	*	星号
H	六边形 2	d	小菱形
_	水平线	v	一角朝下的三角形
8	八边形	<	一角朝左的三角形
p	五边形	>	一角朝右的三角形
,	像素	^	一角朝上的三角形
+	加号	\	竖线
None	无	x	X

线条常用的 rc 参数设置示例代码如下。

```python
import matplotlib as mpl
import matplotlib.pyplot as plt
import numpy as np
pic = plt.figure(dpi = 80, figsize = (6, 6))
x = np.linspace(0, 1, 1000)
                                        # 绘制第一张图（从左往右从上到下）
pic.add_subplot(2, 2, 1)                # 绘制 2×2 图形阵中第 1 张图片
plt.rcParams['lines.linestyle'] = '-.'  # 修改线条类型
plt.rcParams['lines.linewidth'] = 1     # 修改线条宽度
plt.plot(x, x ** 2)

plt.title('y = x^2')
```

```
# 绘制第二张图
pic.add_subplot(2, 2, 2)
mpl.rc('lines', linestyle = '--', linewidth = 10)  # 以 matplotlib.rc()
```
函数命令方式修改 rc 参数
```
plt.plot(x, x ** 2)
plt.title('y = x^2')
# 绘制第三张图
pic.add_subplot(2, 2, 3)
plt.rcParams['lines.marker'] = None        # 修改线条上点的形状
plt.rcParams['lines.linewidth'] = 3
plt.plot(x, x ** 2)
plt.title('y = x^2')
# 绘制第四张图
pic.add_subplot(2, 2, 4)
plt.rcParams['lines.linestyle'] = ':'
plt.rcParams['lines.linewidth'] = 6
plt.plot(x, x ** 2)
plt.title('y = x^2')
plt.savefig('线条 rc 参数对比.png')#保存图片
plt.show()
```

执行结果如图 4-5 所示。

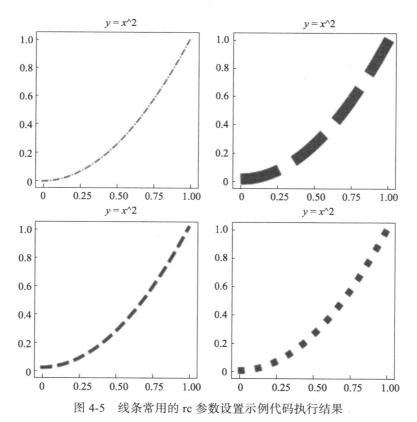

图 4-5　线条常用的 rc 参数设置示例代码执行结果

（2）坐标轴常用的 rc 参数。同样，管理坐标轴属性的 rc 参数也能控制坐标轴的任意细节。其参数名称、释义与取值如表 4-6 所示。

表 4-6　坐标轴常用的 rc 参数

rc 参数名称	解　释	取　值
axes.facecolor	背景颜色	接收颜色简写字符，默认 w
axes.edgecolor	边线颜色	接收颜色简写字符，默认 k
axes.linewidth	轴线宽度	接收 0~1 的 float，默认 0.8
axes.grid	添加网格	接收 bool，默认 False
axes.titlesize	标题大小	接收 small medium large，默认 large
axes.labelsize	轴标大小	接收 small medium large，默认 medium
axes.labelcolor	轴标颜色	接收颜色简写字符，默认 k
axes.spines.{left,bottom,top,tight}	添加坐标轴	接收 bool，默认 True
azes{x,y}margin	轴边距	接收 float，默认 0.05

坐标轴常用的 rc 参数设置示例代码如下。

```python
import matplotlib.pyplot as plt
import numpy as np
x = np.linspace(0, 10, 1000)
plt.rcParams['axes.edgecolor'] = 'b'        # 轴颜色设置为蓝色
plt.rcParams['axes.grid'] = True            # 添加网格
plt.rcParams['axes.spines.top'] = False     # 去除顶部轴
plt.rcParams['axes.spines.right'] = False   # 去除右侧轴
plt.rcParams['axes.xmargin'] = 0.1          # x 轴余留为区间长度的 0.1 倍
plt.plot(x, np.sin(x))
plt.show()
```

执行结果如图 4-6 所示。

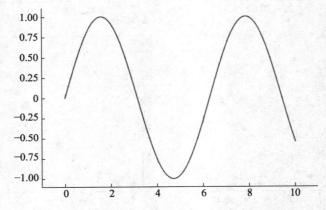

图 4-6　坐标轴常用 rc 参数设置示例代码执行结果

4.3 Matplotlib 常见图表绘制

本节将介绍 Matplotlib 绘制线性图、饼图、雷达图、漏斗图及 3D 曲面图。

4.3.1 线性图

线性图（line chart）的绘图函数为 plot(X,Y,[可选项]），其中 X 表示横轴坐标数据列，Y 表示纵轴坐标数据列，可选项为绘图设置，包括图形类型：散点图、虚线图、实线图等；线条颜色：红、黄、蓝、绿等；数据点形状：星型、圆圈、三角形等。当选项多于一个时，各项直接相连即可。有关 plot()函数详细用法可以使用 help 帮助命令在 IPython 控制台查看，代码如下。

视频 4.3　绘制线性图与饼图微课视频

```
import matplotlib.pyplot as plt
help(plt.plot) #按 Enter 键即可获得 plt.plot()函数的详细使用方法。
```

执行结果如图 4-7 所示。

```
Help on function plot in module matplotlib.pyplot:

plot(*args, **kwargs)
    Plot lines and/or markers to the
    :class:`~matplotlib.axes.Axes`.  *args* is a variable length
    argument, allowing for multiple *x*, *y* pairs with an
    optional format string.  For example, each of the following is
    legal::

        plot(x, y)        # plot x and y using default line style and color
        plot(x, y, 'bo')  # plot x and y using blue circle markers
        plot(y)           # plot y using x as index array 0..N-1
        plot(y, 'r+')     # ditto, but with red plusses
```

图 4-7　plot()函数帮助文档

绘制 D04、D05 车次上车人数线性图，示例代码如下。

```
import pandas as pd
import numpy as np
import matplotlib.pyplot as plt   #导入绘图库中的 pyplot 模块，并且简称为 plt
#读取数据
path='车次上车人数统计表.xlsx';
data=pd.read_excel(path);
#筛选数据
tb=data.loc[data['车次'] == 'D04',['日期','上车人数']];
tb=tb.sort_values('日期');
tb1=data.loc[data['车次'] == 'D05',['日期','上车人数']];
tb1=tb1.sort_values('日期');
#构造绘图所需的横轴数据列和纵轴数据列
x=np.arange(1,len(tb.iloc[:,0])+1)
```

```
y1=tb.iloc[:,1]
y2=tb1.iloc[:,1]
# 定义绘图 figure 界面
plt.figure(1)
#在 figure 界面上绘制两个线性图
plt.rcParams['font.sans-serif'] = 'SimHei' # 设置字体为 SimHei
plt.plot(x,y1,'g*--')                        #绿色"*"号连续图，绘制 D02 车次
plt.plot(x,y2,'y*--')                        #黄色"*"号连续图，绘制 D03 车次
                                             # 对横轴和纵轴打上中文标签

plt.xlabel('日期')
plt.ylabel('上车人数')
#定义图像的标题
plt.title('上车人数走势图')
#定义两个连续图的区别标签
plt.legend(['D04','D05'])
plt.xticks([1,5,10,15,20,24], tb['日期'].values[[0,4,9,14,19,23]], rota-
tion = 30)
#保存图片，命名为 myfigure1。
plt.savefig('myfigure1')
```

执行结果如图 4-8 所示。

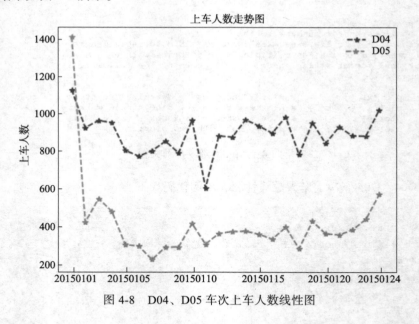

图 4-8　D04、D05 车次上车人数线性图

4.3.2　饼图

饼图（pie chart）的绘图函数为 pie(X,Y,[可选项])，其中 X 表示待绘制的数据序列，Y 表示对应的标签，可选项表示绘图设置。常用的绘图设置为百分比的小数位，可以通过 autopct 属性类设置。绘制 D02～D06 共 5 个车次同期的上车人数饼图，示例代码如下。

```
import pandas as pd
import matplotlib.pyplot as plt
data=pd.read_excel('车次上车人数统计表.xlsx')
plt.figure(1)
#计算D02~D06车次同期上车人数总和，并用list1保存
D=data.iloc[:,0]
D=list(D.unique())
list1=[]
for d in D:
    dt=data.loc[data['车次']==d,['上车人数']]
    s=dt.sum()
    list1.append(s['上车人数'])
#绘制饼图
plt.rcParams['font.sans-serif']='SimHei'
plt.pie(list1,labels=D,autopct='%1.2f%%')
plt.title('各车次上车人数百分比饼图')
plt.savefig('各车次上车人数百分比饼图')
```

执行结果如图 4-9 所示。

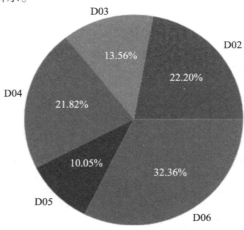

图 4-9　D02~D06 车次上车人数百分比饼图

4.3.3　雷达图

雷达图（radar chart），又可称为戴布拉图、蜘蛛网图（spider chart），常用于对多项指标的全面分析。Python 中用 matplotlib 库绘制雷达图需要用到极坐标系。

1. 创建极坐标系

在平面内取一个定点 O，叫极点，引一条射线 Ox，叫做极轴，再选定一个长度单位和角度的正方向（通常为逆时针方向）。对于平面内任何一点 M，用 p 表示线段 OM 的长度，θ 表示从 Ox 到

视频 4.4　绘制雷达图微课视频

第 4 章　Matplotlib 数据可视化

OM 的角度，p 叫做点 M 的极径，θ 叫做点 M 的极角，有序对（p，θ）就叫点 M 的极坐标，这样建立的坐标系叫做极坐标系，如图 4-11 所示。

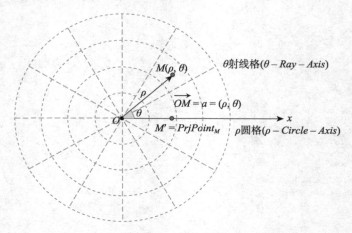

图 4-10 极坐标系

通常情况下，M 的极径坐标单位为 1（长度单位），极角坐标单位为度。Matplotlib 的 Pyplot 子库提供了绘制极坐标图的方法，在调用 subplot() 创建子图时通过设置 projection='polar'，即可创建一个极坐标子图，然后调用 plot() 在极坐标子图中绘图，创建一个极坐标子图和一个直角坐标子图，示例代码如下。

```
import numpy as np
from matplotlib import pyplot as plt
fig=plt.figure(figsize=(10,5))
ax1 = plt.subplot(121, projection='polar')   #极坐标轴
ax2 = plt.subplot(122)
fig.subplots_adjust(wspace=0.4)  #设置子图间的间距为子图宽度的 40%
theta=np.arange(0,2*np.pi,0.02)
ax1.plot(theta,theta/6,'-.',lw=2)
ax2.plot(theta,theta/6,'-.',lw=2)
plt.show()
```

执行结果如图 4-11 所示。

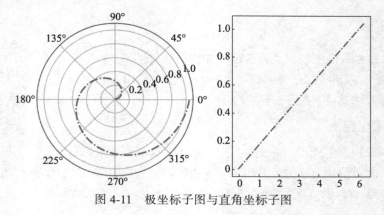

图 4-11 极坐标子图与直角坐标子图

2. polar()函数参数详解

polar()函数的使用方法为 plt.polar(theta,r,color,marker,linewidth)，其中参数的具体说明如表 4-7 所示。

表 4-7　polar()函数参数详解

参　　数	说　　明
theta	每一点在极坐标系中的角度
r	每一点在极坐标系中的半径
color	连接各点之间线的颜色
marker	每点的标记物
linewidth	连接线的宽度

3. 绘制某数据分析师的综合评级的雷达图

示例代码如下。

```
import matplotlib.pyplot as plt
import numpy as np
#建立坐标系
plt.subplot(111,polar = True)          #参数 polar 等于 True 表示建立一个极坐标
dataLenth = 5                          #把整个圆均分成 5 份
#np.linspace 表示在指定的间隔内返回均匀间隔的数字
angles = np.linspace(0,2*np.pi,dataLenth,endpoint=False)
labels = ["沟通能力","业务理解能力","逻辑思维能力","快速学习能力","工具使用能力"]
data = [2,3.5,4,4.5,5]

data = np.concatenate((data, [data[0]]))      # 闭合
angles = np.concatenate((angles,[angles[0]]))  # 闭合
labels = np.concatenate((labels,[labels[0]]))  #对 labels 进行封闭


#绘制雷达图
plt.polar(angles,data,color = "r",marker = "o")
plt.rcParams['font.sans-serif'] = 'SimHei'    # 中文显示字体为 SimHei
plt.xticks(angles,labels)                     #设置 x 轴刻度
plt.title("某数据分析师的综合评级")              #设置标题
plt.savefig('polarplot.jpg')                  #保存图表到本地
```

注意：由于画出来的图是一个封闭的多边形，而提取出来的 data、labels 和 angles 数据的每一项并不是首尾相接的，因此需要多构造一个极坐标点和第一个点重叠以形成闭合。

执行结果如图 4-12 所示。

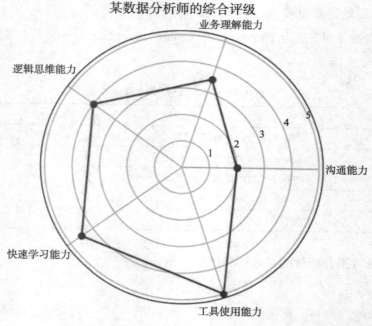

图 4-12 雷达图

4.3.4 漏斗图

漏斗图指的是一个流程的各个环节的数据层层递减，就像漏斗一样。漏斗图适用于流程分析，通过比较转化率，能够清楚哪个环节对最终结果的影响较大。Python 中实现漏斗图示例代码如下。

```python
import numpy as np
import matplotlib.pyplot as plt
from matplotlib.offsetbox import (TextArea, AnnotationBbox)
plt.rcParams['font.sans-serif'] = ['SimHei']      # 解决中文乱码
N = 3                                             # N 个环节
HEIGHT = 0.55                                      # 条形图的每个方框的高度
x1 = np.array([100, 50, 30])                       # 各环节的数据
x2 = np.array((x1.max() - x1) / 2)                 # 占位数据
x3 = []                                            # 画图时的条形图的数据
for i, j in zip(x1,x2):
    x3.append(i+j)
x3 = np.array(x3)
y = np.arange(N)[::-1]                              # 倒转 y 轴
labels=['注册', '留存', '付费']                      # 各个环节的标签
# 画布和子图
fig = plt.figure(figsize=(8, 5))
ax = fig.add_subplot(111)
# 绘图
```

```
    ax.barh(y, x3, HEIGHT, tick_label=labels, color='blue', alpha=0.85)  #
主条形图
    ax.barh(y, x2, HEIGHT, color='white', alpha=1)  # 覆盖主条形图的辅助数据
    # 转化率
    rate = []
    for i in range(len(x1)):
        if i < len(x1)-1:
            rate.append('%2.2f%%' % ((x1[i+1]/x1[i]) * 100))  # 转化率的横坐标
    y_rate = [(x1.max()/2, i-1) for i in range(len(rate), 0, -1)]  # 转化率
    # 标注转化率
    for a, b in zip(rate, y_rate):
        offsetbox = TextArea(a, minimumdescent=False)
        ab = AnnotationBbox(offsetbox, b,
                            xybox=(0, 40),
                            boxcoords="offset points",
                            arrowprops=dict(arrowstyle="->"))
        ax.add_artist(ab)
    # 设置 x 轴 y 轴标签
    ax.set_xticks([0, 100])
    ax.set_yticks(y)
    # 显示图形
    plt.show()
```

执行效果如图 4-13 所示。

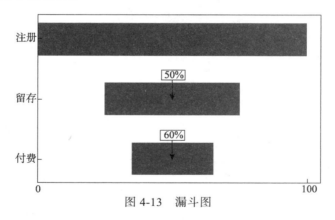

图 4-13　漏斗图

4.3.5　3D 曲面图

绘制三维图表首先需要导入 Axes3D，注册 3d 投影。接下来
创建一个子图，将 projection 属性设置为"3d"，这将返回一个
Axes3DSubplot 对象，然后调用对象的 plot_surface() 方法，并提供
X、Y、Z 坐标以及可选属性。示例代码如下。

```
from mpl_toolkits.mplot3d import Axes3D
import numpy as np
import matplotlib
import matplotlib.pyplot as plt
```

视频 4.5　绘制 3D 曲面
图微课视频

```
x = np.linspace(-5, 5, 50)
y = np.linspace(-5, 5, 50)
X, Y = np.meshgrid(x, y)     # 根据坐标向量返回坐标矩阵
R = np.sqrt(X**2 + Y**2)
Z = np.sin(R)
figure = plt.figure(1, figsize=(12, 4))
subplot3d = plt.subplot(111, projection='3d')
subplot3d.plot_surface(X, Y, Z, rstride=1, cstride=1, cmap=matplotlib.
cm.coolwarm, linewidth=0.1)
plt.show()
```

执行结果如图 4-14 所示。

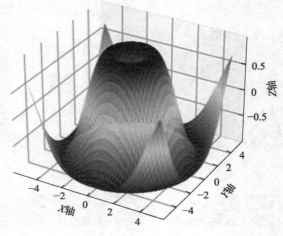

图 4-14　3D 曲面图①

使用 plot_surface() 方法绘制 3D 曲面图的示例代码如下。

```
import matplotlib.pyplot as plt
import numpy as np
from mpl_toolkits.mplot3d import Axes3D
plt.rcParams['font.sans-serif'] = 'SimHei'
plt.rcParams['axes.unicode_minus'] = False
plt.rcParams['axes.facecolor'] = '#cc00ff'
fig = plt.figure(figsize=(10, 8), facecolor='#cc00ff')
ax = Axes3D(fig)
delta = 0.125
# 生成代表 X 轴数据的列表
x = np.arange(-4.0, 4.0, delta)
# 生成代表 Y 轴数据的列表
y = np.arange(-3.0, 4.0, delta)
# 对 x、y 数据执行网格化
X, Y = np.meshgrid(x, y)
Z1 = np.exp(-X**2 - Y**2)
Z2 = np.exp(-(X - 1)**2 - (Y - 1)**2)
# 计算 Z 轴高度
```

```
Z = (Z1 - Z2) * 2
# 绘制3D图
ax.plot_surface(X, Y, Z,
    rstride=1,                          # rstride（row）指定行的跨度
    cstride=1,                          # cstride(column)指定列的跨度
    cmap=plt.get_cmap('rainbow'))       # 设置颜色映射
plt.xlabel('X轴', fontsize=15)
plt.ylabel('Y轴', fontsize=15)
ax.set_zlabel('Z轴', fontsize=15)
ax.set_title('《曲面图》', y=1.02, fontsize=25, color='gold')
# 设置Z轴范围
ax.set_zlim(-2, 2)
plt.show()
```

执行结果如图 4-15 所示。

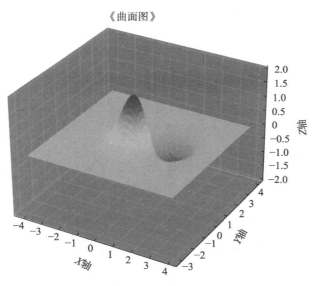

图 4-15　3D 曲面图 2

在上例的基础上更换一组数据，呈现出另一种艺术效果的 3D 曲面图，示例代码如下。

```
import matplotlib.pyplot as plt
import numpy as np
from mpl_toolkits.mplot3d import Axes3D
plt.rcParams['font.sans-serif'] = 'SimHei'
plt.rcParams['axes.unicode_minus'] = False
plt.rcParams['axes.facecolor'] = '#cc00ff'
fig = plt.figure(figsize=(12, 10), facecolor='#cc00ff')
ax = Axes3D(fig)
delta = 0.125
# 生成代表x轴数据的列表
x = np.linspace(-2, 2, 10)
```

```
# 生成代表 Y 轴数据的列表
y = np.linspace(-2, 2, 10)
# 对 x、y 数据执行网格化
X, Y = np.meshgrid(x, y)
# 计算 z 轴高度
Z = X**2 - Y**2
# 绘制 3D 图形
ax.plot_surface(X, Y, Z,
    rstride=1,                           # rstride（row）指定行的跨度
    cstride=1,                           # cstride（column）指定列的跨度
    cmap=plt.get_cmap('rainbow'))        # 设置颜色映射
plt.xlabel('X轴', fontsize=15)
plt.ylabel('Y轴', fontsize=15)
ax.set_zlabel('Z轴', fontsize=15)
ax.set_title('《曲面图》', y=1.02, fontsize=25, color='gold')
plt.show()
```

执行结果如图 4-16 所示。

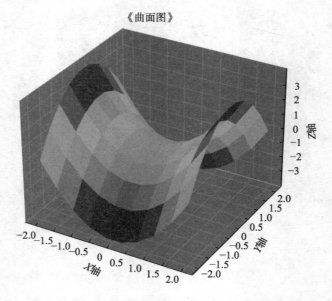

图 4-16　3D 曲面图 3

本 章 小 结

本章围绕 Python 数据可视化第三方库 Matplotlib：首先介绍了数据可视化的含义、作用和一般流程；其次介绍了 Matplotlib 常见图表、图表构成及绘图流程；最后重点使用 Matplotlib 绘制了线形图、饼图、雷达图、漏斗图以及 3D 曲面图。

习题

1. 创建一个 Python 脚本，命名为 test.py，完成以下功能。

（1）今有 2018 年 1 月 1 日至 15 日的鸡肉价格和羊肉价格的数据，保存在于一个 Excel 表格（data.xlsx）中，将其读入 Python 中并用一个数据框变量 df 保存。

（2）分别绘制 1 月 1 日至 10 日的鸡肉价格和羊肉价格走势图。

（3）在同一个 figure 界面中，用一个 2×1 的子图分别绘制 2021 年 1 月前半个月的鸡肉价格和羊肉价格走势图。

2. 分析各产业就业人员数据特征间的关系。

人口数据总共拥有 4 个特征，分别为就业人员、第一产业就业人员、第二产业就业人员、第三产业就业人员。根据 3 个产业就业人员的数量绘制散点图和折线图。数据存储于 csv 文件（employee.csv）中。根据各个特征随着时间推移发生的变化情况，可以分析出未来 3 个产业就业人员的变化趋势。

（1）使用 pandas 库读取 3 个产业就业人员数据。

（2）绘制 2000—2019 年各产业就业人员散点图。

（3）绘制 2000—2019 年各产业就业人员折线图。

 即测即练

## 第5章

Scikit-Learn机器学习

引导案例

Target 和怀孕预测指数

美国一名男子闯入他家附近的一家美国零售连锁超市 Target 店铺（美国第三大零售商塔吉特）进行抗议："你们竟然给我 17 岁的女儿发婴儿尿片和童车的优惠券。"店铺经理立刻向来者承认错误，但是其实该经理并不知道这一行为是总公司运行数据挖掘的结果。一个月后，这位父亲来道歉，因为这时他才知道他的女儿的确怀孕了。Target 比这位父亲知道他女儿怀孕的时间足足早了一个月。

Target 能够通过分析女性客户购买记录，"猜出"哪些是孕妇。他们从 Target 的数据仓库中挖掘出 25 项与怀孕高度相关的商品，制作"怀孕预测"指数。比如他们发现女性会在怀孕四个月左右，大量购买无香味乳液。以此为依据推算出预产期后，就抢先一步将孕妇装、婴儿床等折扣券寄给客户来吸引客户购买。

如果不是在拥有海量的用户交易数据基础上实施数据挖掘，Target 不可能做到如此精准的营销。

5.1　机器学习与 Scikit-Learn 简介

1. 数据挖掘简介

随着互联网的普及以及计算机技术的高速发展，各行各业累积了大量的数据。数据的爆炸式增长、巨大的数量使得人们对数据的理解越发困难，因此人们急需强大且通用的工具以便从数据中寻找模式，挖掘数据中有价值的信息。这种需求导致了数据挖掘的诞生。数据挖掘通常指从大量数据源（如数据库、数据仓库、Web等）中探寻有用的模式或知识的过程。它能帮助企业提取数据中隐藏的商业价值，提高企业的竞争力。其中数据挖掘步骤一般可以分为数据收集、数据清洗、特征选择、模型构建、模型评估和应用。

视频 5.1　机器学习简介微课视频

2. 机器学习简介

机器学习为数据挖掘提供了技术基础，用于将信息从数据源中提取出来，以可以理解的形式表达，用于各个领域。它采用统计学理论知识构建数学模型，使用样本数据或者过去的经验训练模型，最后通过训练好的模型解决实际问题。近年来，机器学习不仅在计算机科学的众多领域大显身手，还成为许多交叉学科的重要技术支撑。机器学习按学习类型可以分为监督学习（supervised learning）、无监督学习（unsupervised learning）和强化学习（reinforce learning）。

在监督学习中，数据集 $D = \{(x_i, y_i)\}$，每个样本 x_i 被称为特征向量，其维度为 d，表示有 d 个值描述这个样本。每个值为一个特征。标签 y_i 可以看作样本的所属类别。监督学习算法的目标是使用该数据集生成一个模型，该模型将特征向量 x 作为输入，输出该特征向量的标签 y。监督学习任务主要分为分类（classification）任务和回归（regression）任务。在分类任务中，标签都是离散的，如垃圾邮件检测；而在回归任务中，标签都是连续的，如根据房屋的面积、卧室数量、位置等特征来估算房屋价格。

在无监督学习中，数据集 $D = \{x_i\}$，样本 x_i 是一个特征向量。无监督学习算法的目标是创建一个模型，将特征向量 x 作为输入，并将其转换为另一个向量或转换为可用于解决实际问题的值。无监督学习任务主要有聚类（clustering）任务和降维（dimensionality reduction）任务。聚类任务是将给定数据划分为不同的簇，降维任务是将高维数据转换为更易于计算的低维数据。

在强化学习中，机器"生活"在一个环境中，能够将环境状态感知为特征向量，机器可以在任何状态下执行操作。

3. Scikit-Learn 简介

目前，Python 有不少可以实现各种机器学习算法的程序库。Scikit-Learn 是最流行的库之一，它提供了丰富的工具和函数，用于构建和应用各种机器学习算法，并为这些机器学习应用提供了统一的接口。Scikit-Learn 库包含以下 6 大任务模块。

- 分类：识别对象所属的类别，典型应用有垃圾邮件检测、图像识别，具体算法有支持向量机、最近邻、随机森林等。
- 回归：预测与对象关联的连续值属性，典型应用有药物反应预测、股票价格预测，具体算法有线性回归、岭回归等。
- 聚类：将相似对象自动分组到集合中，典型应用有客户细分、分组实验，具体算法有 k-Means、DBSCAN 等。
- 降维：减少需要考虑的随机变量的数量。典型应用有可视化，具体算法有主成分分析、特征选择等。
- 模型选择：比较、验证和选择参数和模型，典型应用有通过参数调整提高精度，具体算法有交叉验证、网格搜索等。
- 预处理：特征提取与归一化，典型应用有转换输入数据格式，具体算法有特征提取、正态化等。

Scikit-Learn 中机器学习算法实现的一般步骤如下。

（1）从 Scikit-Learn 库中调用相应的机器学习算法模块。

（2）输入相应的算法参数定义一个新的算法。

（3）输入基础训练数据集利用 scaler 对其进行数据归一化处理。

（4）对于归一化的数据集进行机器学习算法的训练 fit 过程。

（5）输入测试数据集对其结果进行预测 predict。

（6）将预测结果与真实结果进行对比，输出其算法的准确率 score（或者混淆矩阵）。

本章我们将逐一介绍 Scikit-learn 各个模块的部分内容。

5.2 数据预处理与降维

在数据挖掘中，原数据中可能存在缺失值、异常值和重复的数据，这会影响模型的执行效率并导致低质量的挖掘结果，因此需要对数据进行清洗。数据清洗后再对数据进行转换、规约等一系列操作，这个过程就是数据预处理。其中，数据预处理是模型训练之前必要的过程，它占到整个数据挖掘过程的 60%，对最终的挖掘结果具有决定性的作用。

视频 5.2 数据预处理与降维

5.2.1 缺失值处理

数据清洗通常通过填写缺失值，光滑噪声数据，识别或删除离群点解决不一致性来"清理"数据。在分析产品的销售和顾客数据时，很多元组的一些属性没有记录，如顾客的收入，对于这些缺失值可以进行直接删除或者利用 pandas 包中的 fillna() 函数指定某值进行填充。但是这类操作忽略了数据集包含的信息，而 Scikit-Learn 中 SimpleImputer 提供了 4 种能够利用数据集信息的填充方法，分别是均值（mean）填充、中位数（median）填充、最频繁值（frequent）填充和常数（constant）填充。

下面我们采用 Scikit-Learn 中的 SimpleImputer 对数组中的缺失值使用均值进行填充。示例代码如下。

```
# 构建有缺失值的数据
import numpy as np
X = np.array([[np.nan, 0,3],
        [3,7,9],
        [3,5,2],
        [4, np.nan, 6],
        [8,8,1]])
# 导入数据预处理中的填充模块 SimpleImputer
from sklearn.impute import SimpleImputer
# 利用 SimpleImputer 创建填充对象 model
model = SimpleImputer(missing_values=np.nan, strategy='mean')
# 调用对象 model 中的 fit_transform 方法进行拟合并返回填充后的数据集。
X2 = model.fit_transform(X)
```

执行结果如图 5-1 所示。

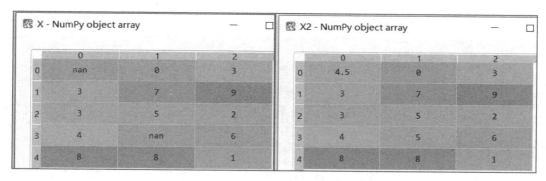

图 5-1　使用均值填充后的数组数据

5.2.2　数据规范化

现实生活中，数据的属性往往包含不同的量纲，可能导致数值相差较大。比如年龄是以年为单位，通常在 0～100 之间，月收入以元为单位，可能在 0～200000 之间。通常模型会偏向数值较大的属性，忽略数值较小的属性，为了避免这种现象，数据应该标准化或者规范化。也就是对数据进行变换，使其落入较小的共同区间，如[−1，1]或者[0，1]。接下来，我们将学习最小—最大规范化（也称极差规范化）和均值—方差规范化（也称 z 分数规范化）。

最小—最大规范化是指变量或指标数据减去其最小值，再除以最大值与最小值之差，得到的新数据。新数据的取值范围在[0，1]之间，其计算公式如下：

$$x^* = \frac{x - \min(x)}{\max(x) - \min(x)}$$

其中，max 为样本数据的最大值；min 为样本数据的最小值；max−min 为极差。

均值—方差规范化，是指变量或指标数据减去其均值，再除以标准差得到的新数据。新的数据均值为 0，方差为 1，其计算公式如下：

$$x^* = \frac{x - \text{mean}(x)}{\text{std}(x)}$$

其中，mean 为数据的均值；std 为数据的标准差。

下面通过使用 Scikit-Learn 中的 StandardScaler 和 MinMaxScaler 对一个矩阵进行均值方差规范化和最小—最大规范化处理，示例代码如下。

```python
# 构建数据
import numpy as np
X_train = np.array([[ 1., -1., 2.],
                    [ 2., 0., 0.],
                    [ 0., 1., -1.]])
# 导入数据预处理中均值—方差规范化模块 StandardScaler
from sklearn.preprocessing import StandardScaler
# 利用 StandardScaler 创建均值-方差规范化对象 s_scaler
s_scaler = StandardScaler()
# 调用对象 s_scaler 中的 fit() 拟合方法，对待处理的数据 X_train 进行拟合训练。
```

```
s_scaler.fit(X_train)
# 调用 s_scaler 对象的 transform()方法，返回规范化后的数据集.
X_Stand = s_scaler.transform(X_train)
# 缩放类对象可以在新的数据上实现和训练集相同缩放操作
X_test = [[-1., 1., 0.]]
s_scaler.transform(X_test)
# 导入最小—最大规范化处理模块 MinMaxScaler
from sklearn.preprocessing import MinMaxScaler
# 利用 MinMaxScaler 创建最小—最大规范化对象 mm_scaler
mm_scaler = MinMaxScaler()
# 调用对象 mm_scaler 中的 fit()拟合方法，对待处理的数据 X_train 进行拟合训练。
mm_scaler.fit(X_train)
# 调用 mm_scaler 对象的 transform()方法，返回规范化后的数据集 X_train.
X_MinMax = mm_scaler.transform(X_train)
```

执行结果如图 5-2 所示。

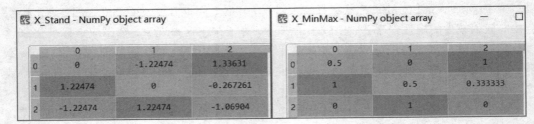

图 5-2　均值—方差规范化（左）和最小—最大规范化（右）后的数据

5.2.3　数据降维

主成分分析（principal component analysis，PCA）是利用数学上处理降维的思想，将实际问题中的多个特征映射为一组少数几个综合特征来替代原特征的一种多元统计方法，适用于数据可视化、噪声过滤、特征抽取和特征工程等领域。

具体的，PCA 通过线性变换将一组可能相关的变量转换成一组不相关的变量。由于可以任意地对原始变量进行线性变化，由不同的线性变化得到的综合变量的统计特性也不尽相同。因此为了尽可能保留原始数据中的信息，我们总希望在数学变换中保持变量的总方差不变，在这种情况下，找到方差尽可能大且彼此间相互独立的综合变量作为新的变量。由此得到的新的变量中具有最大的方差的变量，称为第一主成分，方差次大的变量，称为第二主成分，依次类推，i 个变量就有 i 个主成分。在实际研究工作中，通常只挑选前几个方差最大的主成分，从而达到简化系统结构，抓住问题的实质的目的。

1. 主成分分析原理

假定有 n 个样本，每个样本有 p 个指标描述，这样就构成了 $n \times p$ 阶矩阵：

$$X = \left(X_1, X_2, \cdots, X_p\right) = \begin{bmatrix} x_{11} & \cdots & x_{1p} \\ \cdots & \cdots & \cdots \\ x_{n1} & \cdots & x_{np} \end{bmatrix}$$

其中 $X_1 = \begin{bmatrix} x_{11} \\ \cdots \\ x_{n1} \end{bmatrix}$, 对 $X_1, X_2, \cdots, X_p$ 做线性变换, 得到新的综合指标 $Z_1, Z_2, \cdots, Z_p$, 则

$$\begin{cases} Z_1 = \alpha_{11}X_1 + \alpha_{21}X_2 + \cdots + \alpha_{p1}X_p \\ \qquad\qquad \cdots \\ Z_p = \alpha_{1p}X_1 + \alpha_{2p}X_2 + \cdots + \alpha_{pp}X_p \end{cases}$$

在上述方程中要求 $\alpha_{1i}^2 + \alpha_{2i}^2 + \cdots + \alpha_{pi}^2 = 1, i = 1, 2, \cdots, p$, 且系数由下列原则来决定。

（1）Z_i 与 $Z_j (i \neq j, i, j = 1, \cdots, p)$ 不相关。

（2）Z_1 是 $X_1, X_2, \cdots, X_p$ 的一切线性组合中方差最大者, 为第一主成分; Z_2 是与 Z_1 不相关的 $X_1, X_2, \cdots, X_p$ 的所有线性组合中方差次大者, 为第二主成分; 依次类推, Z_p 是第 p 个主成分。

2. 主成分分析的计算步骤

（1）将原始数据进行标准化处理, 计算样本相关系数矩阵。
（2）计算相关系数矩阵的特征值及相应的特征向量。
（3）根据方差累计贡献率大小（一般要达到 85%以上）, 选取 k 个主成分（$k<p$）, 写出主成分表达式。
（4）根据各个主成分和其相应的方差贡献率构造综合评价函数。
（5）结合主成分分析对研究问题进行分析并深入研究。

3. 主成分分析案例分析

接下来, 以湘西土家族苗族自治州八县市农村居民生活消费水平情况数据为例, 讲解主成分分析实现方法, 并基于主成分给出各市县的综合排名。示例数据如表 5-1 所示。

表 5-1　湘西土家族苗族自治州八县市农村居民生活消费水平　　　　单位：元

市县	食品消费支出	衣着	居住	家庭用品及服务	交通和通讯	文化教育娱乐	医疗保健
吉首市	3158.59	359.24	302.14	334.23	370.68	314.11	180.80
泸溪县	1757.32	121.93	248.54	174.27	164.62	115.74	186.03
凤凰县	2998.85	210.63	505.52	286.43	229.33	169.01	369.52
花垣县	2170.29	221.64	467.85	113.47	168.09	73.55	179.83
保靖县	2649.92	195.72	440.55	194.64	242.44	212.10	297.73
古丈县	2280.78	209.90	283.79	226.28	287.65	54.54	239.45
永顺县	1916.64	167.09	124.76	153.79	206.43	153.80	91.20
龙山县	2744.26	172.17	399.51	282.84	246.33	281.61	318.10

主成分分析实现代码如下所示。

```
# 导入 pandas 库
import pandas as pd
# 载入数据
Data = pd.read_excel('农村居民人均生活消费现金支出.xlsx')
# 去掉第一列
X = Data.iloc[:,1:]
# 数据规范化处理，导入标准化模块
from sklearn.preprocessing import StandardScaler
# 先实例化标准化模块，然后在拟合转换
X = StandardScaler().fit_transform(X)
# 对标准化后的数据 X 做主成分分析
# 导入主成分分析模块 PCA
from sklearn.decomposition import PCA
# 实例化主成分分析模块
pca = PCA() #
# 调用 pca 对象中的 fit()方法，对待分析的数据进行拟合训练
pca.fit(X)
# 调用 pca 对象中的 transform（）方法，返回提取的主成分。
Z = pca.transform(X)
# 返回成分系数矩阵
weights = pca.components_
# 返回被选择的成分所解释的方差量
var = pca.explained_variance_
# 被选择的组成部分解释的方差百分比（贡献率）
alpha = pca.explained_variance_ratio_
```

通过对数据标准化后进行主成分分析，综合变量的方差如图 5-3 所示，综合变量解释的总方差如表 5-2 所示。

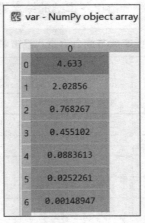

图 5-3　综合变量的方差

从表 5-2 可知，得到的综合特征中前两个主成分的累计贡献率达到了 83.27%，也就说明这两个主成分集中了原始特征 83.27%的信息量。选择这两个主成分作为后续分析的特

征，就可以从 7 个原始特征降低到两个综合特征，这就达到了降维目的。

表 5-2 综合变量解释的总方差

成分	方差量	方差/%	累计/%
1	4.633	57.913	57.912
2	2.029	25.357	83.269
3	0.768	9.603	92.873
4	0.455	5.689	98.562
5	0.088	1.111	99.666
6	0.025	0.315	99.981
7	0.015	0.019	100.000

所有成分矩阵系数如图 5-4 所示，主成分 1 和主成分 2 系数矩阵如表 5-3 所示。

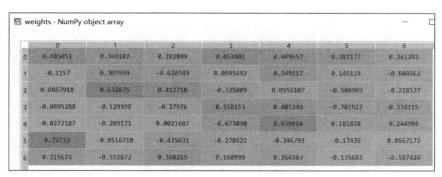

图 5-4 主成分系数矩阵

表 5-3 主成分系数矩阵

	主成分 1	主成分 2
食品消费	0.485	−0.116
衣着	0.369	−0.308
居住	0.203	0.620
家庭用品及服务	0.454	−0.60
交通和通讯	0.410	−0.349
文化娱乐	0.381	−0.145
医疗保健	0.261	0.601

通过主成分系数可以得到两个主成分 Z_1，Z_2 的线性组合为：

$$Z_1 = 0.485X_1^* + 0.369X_2^* + 0.203X_3^* + 0.454X_4^* + 0.410X_5^* + 0.381X_6^* + 0.261X_7^*$$

$$Z_2 = -0.116X_1^* - 0.308X_2^* + 0.620X_3^* - 0.060X_4^* - 0.349X_5^* - 0.145X_6^* + 0.601X_7^*$$

其中 $X_1^*, X_2^*, \cdots, X_7^*$ 为标准化后原始变量。第一主成分的线性组合中 $X_1^*, X_2^*, X_4^*, X_5^*, X_6^*$ 的系数值更大且相差不大，所以第一主成分可以看出食品消费支出、衣着、家庭用品及服务、交通和通讯、文化娱乐这 5 个指标的综合变量，反映了农村居民对这 5 个指标的消费支出。该成分所占信息总量为 57.912%。第二主成分的线性组合中 X_3^*, X_7^* 的系数较大且相差不大，所以第二主成分可以称为居住、医疗保健这两个指标的综合变量，反映了居住、医疗保健在农村居民消费中的支出，所占的信息总量为 25.357%。

一般要求信息量，即贡献率达到 85% 以上，所以此处选择前 3 个主成分，以每个主成分和它的方差贡献率 $\alpha_1, \alpha_2, \alpha_3$ 作为权值系数构造一个综合评价函数 $F = \alpha_1 Z_1 + \alpha_2 Z_2 + \alpha_3 Z_3$，依据计算出的值得到综合排名。具体代码如下。

```
# 综合得分 = 各主成分*贡献率之和，累计贡献率大于85%，故选取三个主成分
F = alpha[0]*Z[:,0]+alpha[1]*Z[:,1]+alpha[2]*Z[:,2]
# 提取县市名称
dq = list(Data['县市'].values)
# 将县市名称作为索引，综合得分为值，构建序列
Rs = pd.Series(F, index=dq)
# 按综合得分降序进行排序
Rs = Rs.sort_values(ascending=False)
```

执行结果如图 5-5 所示。

Rs - Series	
Index	0
吉首市	2.66086
龙山县	0.459245
凤凰县	0.446872
保靖县	0.0457074
古丈县	-0.0893395
永顺县	-0.932595
花垣县	-1.05773
泸溪县	-1.53302

图 5-5　县市消费综合排名

5.3　回 归 分 析

回归分析是研究变量之间关系的方法。通常研究者试图确定一个变量对另一个变量的因果关系。例如：父母身高对孩子身高的影响；职业、年龄、受教育程度等对个人收入的影响。由回归分析求出的关系式通常称为回归模型。根据自变量个数的多少，回归模型可以分为一元回归模型和多元回归模型。根据回归模型是否为线性，回归模型可以分为线性回归模型和非线性回归模型。所谓线性回归模型就是指因变量和自变量的关系是直线型的。本节将介绍线

视频 5.3　回归分析

性回归模型，我们先简单介绍一元线性回归，进而拓展到较为复杂的多元线性回归，最后给出线性回归模型的 Python 实现方法。

5.3.1　一元线性回归

只有一个解释变量的回归分析被称为简单回归分析。比如导致个人收入差异的因素有

很多，包括职业、年龄、受教育程度、能力等，但我们只关注教育因素对个人收入的影响，这类回归分析就被称为"简单回归"或者一元线性回归。

一元线性回归模型：

$$y = \beta_0 + \beta_1 x + \varepsilon$$

其中，y 为因变量；x 为自变量，它代表对因变量的主要影响因素；β_0 为回归常数项；β_1 为回归系数；ε 为各种随机因素对因变量的总影响。在实际应用中，通常假定 ε 服从均值为 0，方差为 2 的正态分布。在用一元线性回归模型进行预测时，必须对回归系数 β_0, β_1 进行估计。常使用最小二乘法进行估计，即选择 β_0, β_1 的值应使误差项 ε 的平方和为最小值。当有 n 个样本观测数据 $(x_1, y_1), (x_2, y_2), \cdots, (x_n, y_n)$，则：

$$\min \sum_{i=1}^{n} [y_i - (\beta_0 + \beta_1 x_i)]^2$$

分别对 β_0, β_1 求偏导，令其等于 0，可以得到 β_0, β_1 最小二乘法的估计量：

$$\hat{\beta}_0 = \overline{y} - \overline{x} \hat{\beta}_1$$

$$\hat{\beta}_1 = \frac{\sum_{i=1}^{n} (x_i - \overline{x})(y_i - \overline{y})}{\sum_{i=1}^{n} (x_i - \overline{x})^2}$$

其中，$\overline{x} = \dfrac{1}{n} \sum_{i=1}^{n} x_i$；$\overline{y} = \dfrac{1}{n} \sum_{i=1}^{n} y_i$。

线性回归模型建立好后，是否与实际数据有较好的拟合度，可以通过 R^2 进行检验。R^2 的计算公式如下所示：

$$R^2 = \frac{\sum_{i=1}^{n} (\hat{y}_i - \overline{y})^2}{\sum_{i=1}^{n} (y_i - \overline{y})^2}$$

其中，$\hat{y}_i$ 为 y_i 的估计值；$\overline{y}$ 为因变量的观察值的算数平均值。R^2 取值在[0，1]之间，R^2 越大，说明模型拟合程度越好。

5.3.2　多元线性回归

多元线性回归是简单线性回归的推广，研究的是一个变量与多个变量之间的线性关系。

设 y 是可预测的随机变量，受 p 个非随机因素 x_1, x_2, $\cdots$, x_p 和不可预测的随机因素 ε 的影响。则多元线性回归数学模型为：

$$y = \beta_0 + \beta_1 x_1 + \cdots + \beta_p x_p + \varepsilon$$

式中 ε 是服从均值为 0，方差为 σ^2 的正态分布；$\beta_0 \sim \beta_p$ 是需要从数据中学习的参数，β_0 称为回归常数，$\beta_1 \sim \beta_p$ 称为回归系数。取 n 组观测值 $(x_{i1}, x_{i2}, \cdots, x_{ip}, y_i)(i = 1, 2, \cdots, n; n > p)$

则有：

$$\begin{cases} y_1 = \beta_0 + \beta_1 x_{11} + \cdots + \beta_p x_{1p} + \varepsilon_1 \\ y_2 = \beta_0 + \beta_1 x_{21} + \cdots + \beta_p x_{2p} + \varepsilon_2 \\ \qquad \cdots \\ y_n = \beta_0 + \beta_1 x_{n1} + \cdots + \beta_p x_{np} + \varepsilon_n \end{cases}$$

令 $Y = \begin{bmatrix} y_1 \\ y_2 \\ \cdots \\ y_n \end{bmatrix}$，$\beta = \begin{bmatrix} \beta_0 \\ \beta_1 \\ \cdots \\ \beta_n \end{bmatrix}$，$\varepsilon = \begin{bmatrix} \varepsilon_1 \\ \varepsilon_2 \\ \cdots \\ \varepsilon_n \end{bmatrix}$，$X = \begin{bmatrix} 1 & x_{11} & x_{12} & \cdots & x_{1p} \\ 1 & x_{21} & x_{21} & \cdots & x_{2p} \\ \cdots & \cdots & \cdots & \cdots & \cdots \\ 1 & x_{n1} & x_{n1} & \cdots & x_{np} \end{bmatrix}$，则多元线性回归模型的

矩阵形式为 $Y = X\beta + \varepsilon$，其中 β 为待估参数。采用最小二乘法对 β 进行估计，就可以得到估计模型，具体求解步骤此处省略。

下面通过一个实例来讲解如何运用 Python 实现多元线性回归分析。现从 20 个家庭调查资料抽出部分数据如表 5-4 所示，试对父母身高和儿子身高进行回归分析。

表 5-4　父母身高与儿子身高

编号	父亲身高/cm	母亲身高/cm	年参加锻炼次数	儿子身高/cm
1	172	163	90	176
2	171	159	70	172
3	169	158	50	170
4	171	161	65	174
5	167	159	50	169
6	172	163	100	177
7	172	160	60	173
8	170	162	70	173
9	175	166	110	182
10	179	166	100	183
11	176	164	90	180
12	171	159	80	174
13	167	158	60	172
14	176	163	70	177
15	172	162	70	175
16	181	169	90	186
17	174	167	80	182
18	170	161	70	174
19	183	169	120	187
20	176	165	110	182

多元回归分析代码如下。

```
# 获取数据
import pandas as pd
Data = pd.read_excel('身高.xlsx')
```

```
X = Data.iloc[:,1:4]
y = Data.iloc[:,4]
# 导入线性回归模块
from sklearn.linear_model import LinearRegression
model = LinearRegression()
# 调用 model 对象中的 fit() 方法，对待分析的数据进行拟合训练
model.fit(X,y)
# 回归方程拟合好后，就可以调用 model 中的 score 方法，返回拟合优度。观察线性关系是
否显著
R2 = model.score(X, y)      # 计算模型的拟合优度 R2
# 通过 model 的 coef_，intercept_属性返回 x 对应的回归系数和回归常数项
beta_x = model.coef_
beta_c = model.intercept_
```

执行结果如图 5-6 所示。

| beta_c | float64 | 1 | -24.125450132190366 |
| beta_x | Array of float64 | (3,) | [0.36521593 0.82112984 0.05199035] |

图 5-6　回归常数项和回归系数取值

其中 R^2 为 0.9697 接近 1，表明模型较好的拟合了数据。由回归系数和常数项得到回归方程为：儿子身高 = −24.125+0.365*父亲身高+0.821*母亲身高+0.0519*锻炼次数

5.4　分　类　分　析

分类是一种重要的数据分析形式，它通过对具有类别标记的实例进行训练，得出一个能够预测新实例类别的模型。分类根据类别的个数可以分为二分类问题和多分类问题。当分类的类别为两个时，称为二分类问题。如根据邮件的内容判别新收到的邮件是否为垃圾邮件或者根据肿瘤的体积、患者年龄来判断肿瘤是良性还是恶性。分类的类别为多个时，称为多分类问题。如根据电影的内容给它打标签，标签可能是普通话、战争、悬疑、爱情等。本节介绍 3 种常用的分类算法来解决二分类问题，分别是逻辑回归、人工神经网络和支持向量机。

视频 5.4　逻辑回归

5.4.1　逻辑回归

线性回归模型处理的因变量是数值类型，在实际工作中，我们经常遇到因变量为分类变量（如 y 只有"是""否"两个取值）的情况。在研究分类变量 y 与一组自变量 $(x_1, x_2, \cdots, x_d)$ 之间的关系时，设 y 取 1 发生的概率为 p，取 0 的概率为 $1-p$，则两者之比为 $\dfrac{p}{1-p}$，称为事件的几率比（odds）。对 odds 取自然对数，即得 Logistic 变换 $\mathrm{Logit}(p) = \ln\left(\dfrac{p}{1-p}\right)$。

而逻辑回归方程表达式为：

$$\ln\left(\frac{p}{1-p}\right) = \beta_0 + \beta_1 x_1 + \cdots + \beta_p x_d$$

其中 β 为逻辑回归模型的系数。令 $\ln\left(\dfrac{p}{1-p}\right) = z$，则 $p = \dfrac{1}{1+e^{-z}}$，称为逻辑回归函数（logistic function），如图 5-7 所示。

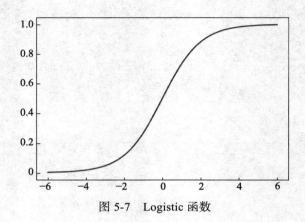

图 5-7　Logistic 函数

从图中可以看出当 p 趋于 1 的时候，z 趋于正无穷，当 p 趋于 0 时，z 趋于负无穷。因此令 $\ln\left(\dfrac{p}{1-p}\right) = z = \theta_0 + \sum\limits_{j=1}^{d}\theta_j x_j$，这样就将预测问题转换为一个概率问题。一般以 0.5 为界，如果预测值大于 0.5，我们判断此时 y 更可能为 1，否则 y 等于 0。

预测模型的构建就是利用最大似然估计来估计回归参数。其基本思想使先建立似然函数与对数似然函数，求使对数似然函数最大时的参数值，其估计值即为最大似然估计值。

5.4.2　模型评价指标

混淆矩阵常用于判断分类器的优劣，其计算如表 5-5 所示。

表 5-5　混淆矩阵

实 际 类 别	预 测 结 果	
	正例（类别 A）	负例（类别 B）
正例（类别 A）	真正率(true positive，TP)	假负率（false negative，FN）
负例（类别 B）	假正率（false positive，FP）	真负率（true negative，TN）

根据混淆矩阵计算的常见性能评价指标有以下几个。

正确率：判定正确的样本数/样本总数，$\text{Accurancy} = \dfrac{TP+TN}{TP+TN+FP+FN}$

召回率：判断正确的正例数/所有正例数，$\text{Recall} = \dfrac{TP}{TP+FN}$

下面利用 Scikit-Learn 数据如表 5-6 所示。首先对数据进行分析，第一列为用户 ID，其中每条数据都不一样，因此没有参照价值。第二列性别为字符串，需要转换为数字 0，1，其中 0 对应为男，1 对应为女。

表 5-6 社交网络广告数据

用户 ID	性别	年龄	收入/元	是否购买
15624510	Male	19	19000	0
15810944	Male	35	20000	0
15668575	Female	26	43000	0
15603246	Female	27	57000	0
15804002	Male	19	76000	0
15728773	Male	27	58000	0
15598044	Female	27	84000	0
15694829	Female	32	150000	1
15600575	Male	25	33000	0
15727311	Female	35	65000	0
15570769	Female	26	80000	0

...

由于性别、年龄和收入之间数值相差较大，所以需要进行标准化处理。完整的逻辑回归分析代码如下。

```
# 导入包
import pandas as pd
import numpy as np
s# 导入数据集
data = pd.read_csv('Social_Network_Ads.csv')
# 导入整数编码函数
from sklearn.preprocessing import LabelEncoder
# 对数据中的性别一列进行编码
data['Gender'] = LabelEncoder().fit_transform(data['Gender'])
# 提取数据中的特征，去掉用户 ID 一列
X = data.iloc[:,[2,3]].values
# 提取数据中的标签
Y = data.iloc[:,4].values
# 数据划分为训练集和测试集，25%作为测试集
from sklearn.model_selection import train_test_split
x_train, x_test, y_train, y_test = train_test_split(X,Y,test_size=0.25,
random_state=0)
# 特征归一化
from sklearn.preprocessing import StandardScaler
sc = StandardScaler()
x_train = sc.fit_transform(x_train)
x_test = sc.fit_transform(x_test)
# 导入逻辑回归模块
from sklearn.linear_model import LogisticRegression
classifier = LogisticRegression()
# 模型拟合训练集
```

```
classifier = classifier.fit(x_train,y_train)
# 预测结果
y_pred = classifier.predict(x_test)
# 查看预测准确率
test_acc = classifier.score(x_test, y_test)
# 导入混淆矩阵函数
from sklearn.metrics import confusion_matrix
# 获得混淆矩阵
cm = confusion_matrix(y_test, y_pred)
```

逻辑回归模型在该测试集上的准确率如图 5-8 所示，混淆矩阵如图 5-9 所示。

| test_acc | float64 | | 1 | 0.87 |

图 5-8　逻辑回归模型在 Social_Network_Ads 测试集上的准确率

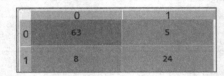

图 5-9　混淆矩阵

5.4.2　神经网络

人工神经网络（artificial neural networks，ANN）也被称为神经网络，是深度学习算法的核心。它的灵感来源于生物神经网络处理信息的方式，即通过神经元互相传递信号，达到学习经验的目的。神经元是神经网络的基本信息处理单位，它是一个多输入、单输出的非线性元件，图 5-10 所示为一种常用的神经元模型。

视频 5.5　神经网络算法原理与实战

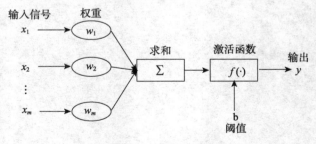

图 5-10　神经元模型

图中 $x_1, x_2, \cdots, x_m$ 为输入信号；输出 $y = f(u+b)$，其中，$u = \sum_{i=1}^{m} w_i x_i$，b 为阈值；$f(\cdot)$ 为激活函数。激活函数可以为 Sigmoid 函数（逻辑回归函数）、双曲正切函数、ReLU 函数等，如表 5-7 所示。

表 5-7　常见激活函数

激活函数	表达形式	图形
Sigmoid 函数	$f(x) = (1 + e^{-x})^{-1}$	
双曲正切函数	$f(x) = \tanh(x) =$	
ReLU 函数	$f(x) = \begin{cases} \max(0, x), x \geqslant 0 \\ 0, x < 0 \end{cases}$	

下面我们介绍一种具体的网络结构——BP（back propagation）神经网络。该网络于 1986 年提出，是一种按误差逆向传播算法训练的多层前馈网络，也是目前应用最广泛的神经网络模型之一。

BP 神经网络一般由输入层（input）、隐藏层（hide layer）和输出层（output layer）组成，其结构如图 5-11 所示。

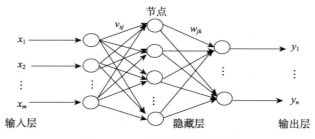

图 5-11　BP 神经网络结构图

其中，x 为 m 维向量；y 为 n 维向量；隐藏层含有 q 个神经元。假设有 N 个数据，$\{y(t), x(t), t = 1, 2, \cdots, N\}$。各层神经元之间的连接强度用连接权重 w 表示，w_{jk}^1 表示输入层第 j 个神经元与隐藏层 k 个神经元之间的连接强度，w_{ki}^2 表示隐藏层第 k 个神经元与输出层第 i 个神经元之间的连接强度。隐藏层的激活函数为 f^1，输出层的激活函数为 f^2，$b_{h_k}^1$ 代表隐藏层神经元 k 的阈值，$b_{o_i}^2$ 代表输出层神经元 i 的阈值。训练过程主要分为正向传播和反向传播两个过程。

（1）信息的正向传播。外部信息由输入层神经元传入网络，经过网络连接权值的求和计算传到隐藏层，并经过激活函数计算得到隐藏层神经元输出 $H_k(t) = f^1 \left(\sum_{i=1}^{m} w_{jk} x_i(t) + b_{h_k}^1 \right)$

$(k=1,2,\cdots,q)$，最后传到输出层，经过激活函数输出 $O_i(t)=f^2\left(\sum_{k=0}^{q}w_{ki}H_k(t)+b_{o_i}^2\right)$

$(i=1,2,\cdots,n)$。

（2）误差的反向传播。输入具有 m 维向量的 N 个样本进入输入层，正向经隐藏层各神经元处理后，传向输出层，得到实际输出 O，再输出层把实际输出 O 与期望输出 Y 进行比较，并算出期望输出与实际输出的均方误差 $\text{MSE}=\frac{1}{N}(O-Y)^2$。如果 MSE 没有达到预定要求，则进入误差信号按原来的连接通路反向计算，利用梯度下降法调整各层神经元之间的连接权值，使误差性能指标达到最小值。

BP 神经网络的训练步骤简述如下。

（1）网络的初始化，确定各层节点的个数。将各个权值和阈值的初始值设为比较小的随机数。

（2）输入样本和相应的输出，对每一个样本进行学习，即对每一个样本数据进行步骤（3）到步骤（5）的过程。

（3）根据输入样本算出实际的输出及其隐含层神经元的输出。

（4）计算实际输出与期望输出之间的差值，求输出层的误差和隐含层的误差。

（5）根据步骤（4）得出的误差来更新输入层-隐含层节点之间、隐含层输出层节点之间的连接权值。

（6）求误差函数 MSE，判断 MSE 是否收敛到给定的学习精度以内，如果满足，则学习结束，否则，转向步骤（2）继续进行。

下面利用 Scikit-Learn 中的神经网络对澳大利亚信贷批准数据集进行分类，该数据集共有 14 个特征数据 $x1\sim x14$，1 个分类标签 y（1-同意贷款，0-不同意贷款），共 690 个申请者记录，部分数据如表 5-8 所示。

表 5-8　澳大利亚信贷批准数据

x1	x2	x3	x4	x5	x6	x7	x8	x9	x10	x11	x12	x13	x14	y
22.08	11.46	2	4	4	1.585	0	0	0	1	2	100	1213	22.08	0
22.67	7	2	8	4	0.165	0	0	0	0	2	160	1	22.67	0
29.58	1.75	1	4	4	1.25	0	0	0	1	2	280	1	29.58	0
21.67	11.5	1	5	3	0	1	1	11	1	2	0	1	21.67	1
20.17	8.17	2	6	4	1.96	1	1	14	0	2	60	159	20.17	1
15.83	0.585	2	8	8	1.5	1	1	2	0	2	100	1	15.83	1
							...							

神经网络分类分析代码如下。

```
# 导入包
import pandas as pd
# 读取数据
data = pd.read_excel('credit.xlsx')
# 数据划分，取前 600 条数据作为训练集，剩下的作为测试集
X_train = data.iloc[:600,:14]
```

```
Y_train = data.iloc[:600,14]
X_test = data.iloc[600:,:14]
Y_test = data.iloc[600:,14]
# 导入神经网络分类器
from sklearn.neural_network import MLPClassifier
# 实例化神经网络对象，优化方法选择 lbfgs，隐藏层神经元大小为 5 层每层 2 各神经元，随
机种子设置为 1
clf = MLPClassifier(solver='lbfgs',hidden_layer_sizes=(5,2), random_state=
1)
# 拟合训练集
clf.fit(X_train, Y_train);
# 用拟合好的模型进行预测
Y_pred = clf.predict(X_test)
# 计算预测值与真实值的差
Z = Y_pred-Y_test
# 差值为 0 代表正确，计算正确的个数，即预测的准确率
Rs=len(Z[Z==0])/len(Z)
```

神经网络在数据集 credit 上的准确率如图 5-12 所示。

Rs	float		1	0.8333333333333334

图 5-12　神经网络在 creidt 测试集上的准确率

5.4.3　支持向量机

支持向量机（support vector machine，SVM）是一种常用的二分类方法。它有扎实的理论基础，能处理高维数据，在大多领域获得了较好的分类结果。在图 5-13 中，实心圆和空心圆代表两类样本，H 为分类超平面，H_1，H_2 是各类中离 H 最近的样本构成的平行于 H 的面，它们之间的距离称为分类间隔（margin）。

视频 5.6　支持向量机算法原理与实战

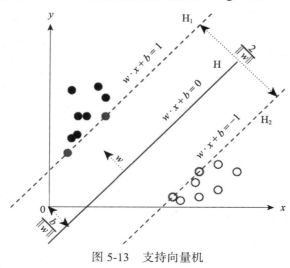

图 5-13　支持向量机

H_1，H_2 上的样本点称为支持向量（support vector）。支持向量机算法的目的就是寻找分类超平面 H，将图 5-14 所示的两类样本点分开，同时也要求使分类间隔最大。因为分类间隔最大可以保证经验风险最小，并使置信范围最小，这恰好是结构风险最小化原则的具体实现。

设训练集 $X = \{(x_1,y_1),(x_2,y_2),\cdots,(x_n,y_n)\}$，其中 x 是一个 d 维输入向量，y 属于 $\{1,-1\}$，是类标签。1 表示正类，–1 表示负类。如果存在超平面 H：

$$wx^T + b = 0$$

使得

$$y = +1, wx^T + b \geqslant 1$$
$$y = -1, wx^T + b \leqslant 1$$

则称训练集是线性可分的。上述两个式子两个合并，改写为

$$y(wx^T + b) \geqslant 1$$

点 x 到超平面 H 的距离为：

$$d(w,b,x) = \frac{|wx^T + b|}{w}$$

根据最优分类超平面的定义，分类间隔可表示为：

$$\rho(w,b) = \min_{\{x_i,y_i=1\}} d(w,b,x_i) + \min_{\{x_i,y_i=-1\}} d(w,b,x_j) = \min_{\{x_i,y_i=1\}} \frac{|wx_i^T + b|}{w} + \min_{\{x_i,y_i=-1\}} \frac{|wx_j^T + b|}{w} = \frac{2}{w}$$

要使分类间隔 $\frac{2}{w}$ 最大，就等价于使 $\frac{w}{2}$ 最小。而如何求解上述式子寻找最优分离超平面和支持向量，需要用到更高的数学理论知识及技巧，这里不再介绍。

但在很多情况下，训练数据都不是线性可分的。这时支持向量机通过引入核函数，利用核特征空间的非线性映射算法，把输入空间中的线性不可分数据集映射到高维特征空间中，然后在此高维空间中使用线性支持向量机进行分类，如图 5-14 所示。

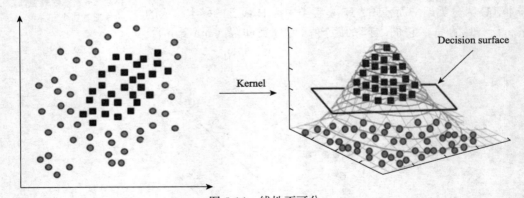

图 5-14　线性不可分

核函数方法关心的是结果，而不是实现结果所采用的具体方式。对于特征空间和对应的映射可以通过核函数减少计算的复杂性。常用的核函数有：

（1）线性核函数：$K(x_i,x_j) = ax_i^T x_j$。

（2）多项式核函数：$K(x_i, x_j) = (x_i^{\mathrm{T}} x_j + 1)^h$。

（3）高斯核函数：$K(x_i, x_j) = e^{-11x_i - x_{j11}^2/2\delta^2}$。

下面仍以 5.4.1 小节的社交网络广告数据为例，介绍支持向量机分类模型的应用。具体代码如下所示。

```python
#导入包
import pandas as pd
import numpy as np
import matplotlib.pyplot as plt
# 导入数据集
data = pd.read_csv('Social_Network_Ads.csv')
# 导入整数编码函数
from sklearn.preprocessing import LabelEncoder
# 对数据中的性别一列进行编码
data['Gender'] = LabelEncoder().fit_transform(data['Gender'])
# 提取数据中的特征，去掉用户 ID 一列
X = data.iloc[:,[2,3]].values
# 提取数据中的标签
Y = data.iloc[:,4].values
# 数据划分为训练集和测试集，25%作为测试集
from sklearn.model_selection import train_test_split
x_train, x_test, y_train, y_test = train_test_split(X,Y,test_size=0.25,
random_state=0)
# 特征归一化
from sklearn.preprocessing import StandardScaler
sc = StandardScaler()
x_train = sc.fit_transform(x_train)
x_test = sc.fit_transform(x_test)
# 导入支持向量机
from sklearn.svm import SVC
# 实例化支持向量机对象
classifier = SVC(kernel='linear', random_state=0)
# 调用对象的 fit 方法进行拟合训练
classifier = classifier.fit(x_train, y_train)
# 用训练好的模型进行预测
y_pred = classifier.predict(x_test)
# 查看准确率
test_acc = classifier.score(x_test,y_test)
```

最终 SVM 模型在 Social_Network_Ads 测试集上的准确率如图 5-15 所示，相比于逻辑回归模型，其性能提升了 1%。

test_acc	float64		1	0.88

图 5-15　SVM 在 Social_Network_Ads 测试集上的准确率

5.5　聚　类　分　析

聚类分析简称聚类，是一种无监督学习方法，它是根据数据的内在结构把数据集划分成不同子集（簇）的过程，使得每个簇内部数据间相似度高，不同簇间数据相似度低。而相似度通常由距离度量函数进行计算，常见距离度量函数包括欧式距离、曼哈顿距离、切比雪夫距离等。两个数据间距离越大，数据相似度越低；两个数据间距离越近，数据相似度越高。聚类已经被广泛地研究了许多年，文献中有大量的聚类算法。本节要介绍的是最常用的 K-均值（K-means）聚类算法。

视频 5.7　K-均值聚类算法原理与实战

5.5.1　K-均值聚类

在聚类问题中，有训练集 $\{x_1,\cdots,x_n\}$，数据 $x_i \in R^d$，没有标签，需要把它划分为 k 个簇。K-均值聚类算法的具体步骤如下。

（1）随机初始化 k 个簇中心 $\mu_1,\cdots,\mu_k \in R^d$。

（2）重复下列步骤直到收敛（簇中心不再发生变化）或者达到迭代停止条件（最大迭代次数）。

①将每个数据 i 划分到离它最近簇中心的簇：

$$c_i := \underset{j}{\arg\max} \, \| x_i - \mu_j \|_1^2$$

②对每个簇 j，根据簇中数据的平均值更新簇中心：

$$\mu_j := \frac{\sum_{i=1}^{n} I\{c_i = j\}x_i}{\sum_{i=1}^{n} I\{c_i = j\}}$$

其中，k 为人为指定的簇数；d 为维度；μ_j 为簇 j 的簇中心；$\|\cdot\|^2$ 为 L2 范数，也就是欧氏距离；$I\{\}$ 为指示函数。欧式距离的计算公式如下：

$$d_{ij} = \sqrt{\sum_{m=1}^{d}(x_{im} - x_{jm})^2}$$

接下来，通过一个例子讲解 K-均值聚类算法的具体步骤。有以下 8 个数据样本，要将它们划分为两个簇。

	样本 1	样本 2	样本 3	样本 4	样本 5	样本 6	样本 7	样本 8
属性 1	1.5	1.7	1.6	2.1	2.2	2.4	2.5	1.8
属性 2	2.5	1.3	2.2	6.2	5.2	7.1	6.8	1.9

按照 K-均值聚类算法的步骤，操作如下。

第一步：随机初始化两个簇中心，这里取样本 1 和样本 2 分别作为两个簇的簇中心，即 μ_1 =(1.5，2.5)，μ_2 =(1.7，1.3)。

第二步：①计算所有样本到簇中心 μ_1 和 μ_2 的欧式距离，然后将样本划分到离它更近的簇中心所在的簇，即有：

	样本 1	样本 2	样本 3	样本 4	样本 5	样本 6	样本 7	样本 8
到 μ_1 的距离	0	1.22	0.32	3.75	2.79	4.69	4.41	0.67
到 μ_2 的距离	1.22	0	0.91	4.92	3.93	5.84	5.56	0.61
划分结果	1	2	1	1	1	1	1	2

接着执行步骤②根据新的簇划分更新簇中心 μ_1 和 μ_2。

$\mu_1 = ((1.5+1.6+2.1+2.2+2.4+2.5)/6, (2.5+2.2+6.2+5.2+7.1+6.8)/6) = (2.05,5)$，$\mu_2 = ((1.7+1.8)/2, (1.3+1.9)/2) = (1.75,1.6)$。

然后又重复步骤①计算各个样本到新簇中心的距离，然后将数据重新分配到离它更近的簇中心所在的簇即：

	样本 1	样本 2	样本 3	样本 4	样本 5	样本 6	样本 7	样本 8
到 μ_1 的距离	2.56	3.72	2.84	1.2	0.25	2.13	1.86	3.11
到 μ_2 的距离	0.93	0.3	0.62	4.61	3.63	5.54	5.25	0.3
划分结果	2	2	2	1	1	1	1	2

再采用前面的同样方法更新簇中心，得到 $\mu_1 = (2.3,6.325)$，$\mu_2 = (1.65,1.975)$。

重复步骤①重新对样本进行分配。

	样本 1	样本 2	样本 3	样本 4	样本 5	样本 6	样本 7	样本 8
到 μ_1 的距离	3.91	5.06	4.18	0.24	1.13	0.78	0.52	4.45
到 μ_2 的距离	0.55	0.68	0.23	4.25	3.27	5.18	4.9	0.17
划分结果	2	2	2	1	1	1	1	2

此时可以看到划分的结果没有改变，自然这样计算出来的新的簇中心也不会有变化，得到与前一次相同的簇中心 $\mu_1 = (2.3,6.325)$，$\mu_2 = (1.65,1.975)$，所以算法到此就终止了。所以样本 1、2、3、8 归为同一簇，样本 4、5、6 为另一簇。

下面我们利用 Scikit-Learn 中的 K-均值聚类算法对每个食物中含有蛋白质的数据进行划分。代码如下所示。

```
#导入 Pandas 模块
import pandas as pd
# 导入数据
dataset = pd.read_table('protein.txt', sep='\t')
```

```
data = dataset.drop(['Country'], axis =1 )
# 数据标准化处理
from sklearn.preprocessing import StandardScaler
X = StandardScaler().fit_transform(data)
# 导入 K 均值模块
from sklearn.cluster import KMeans
# 寻找最优的 K 值，K 值取 1 到 19
NumberOfClusters = range(1,20)
# 实例化不同 K 值的 K 均值模块
kmeans = [KMeans(n_clusters=i) for i in NumberOfClusters]
# 用不同均值模型对数据进行拟合并对结果进行打分
score = [kmeans[i].fit(X).score(X) for i in range(len(kmeans))]
# 导入可视化模块
import matplotlib.pyplot as plt
# 绘制不同 K 值模型的得分
plt.plot(NumberOfClusters,score)
# 选择肘点的值，也就是 K=4 作为最终数据划分的簇数，然后用该模型对数据进行划分并返回
结果
y_clusters = kmeans[4].predict(X))
```

不同 K 值得分如图 5-16 所示，根据手肘法的定义，需要找到图中的拐点对应的 k 值作为划分的簇数。显然，在图中 $k=4$ 时较为合适，因此选择的簇数为 4。

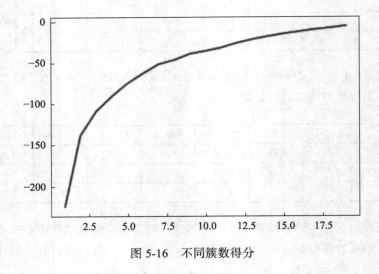

图 5-16　不同簇数得分

本 章 小 结

本章作为 Python 数据分析与挖掘的重点章节：首先介绍了机器学习与 Scikit-Learn 的基础知识，阐述了机器学习的基础概念和 Scikit-Learn 包含的主要模块；其次介绍了回归分析、分类分析、聚类分析中的多元线性回归、逻辑回归、神经网络、支持向量机和 K-均值

聚类算法的原理和实战。

 习题

1. 线性回归分析题

在发电场中电力输出（PE）与温度（AT）、压力（V）、湿度（AP）、压强（RH）有关，将 UCI 公共测试数据库中的测试数据存放于 Excel 文件"发电场数据.xlsx"中。部分数据如下表所示。

发电场数据。

AT	V	AP	RH	PE
8.34	40.77	1010.84	90.01	480.48
23.64	58.49	1011.4	74.2	445.75
29.74	56.9	1007.15	41.91	438.76
19.07	49.69	1007.22	76.79	453.09
11.8	40.66	1017.13	97.2	464.43
13.97	39.16	1016.05	84.6	470.96
22.1	71.29	1008.2	75.38	442.35
14.47	41.76	1021.98	78.41	464
31.25	69.51	1010.25	36.83	428.77
6.77	38.18	1017.8	81.13	484.31

现要求利用线性回归分析命令，求出 PE 与 AT、V、AP、RH 之间的线性回归关系式系数向量（包括常数项）和拟合优度。

2. K-均值聚类分析题

鸢尾花一般通过花萼长度（sepal length）、花萼宽度（sepal width）、花瓣长度（petal length）、花瓣宽度（petal width）进行区分出不同种类。现根据观测得到一组鸢尾花的花萼、花瓣的长度和宽度数据，并将数据存放在.csv 文件（iris.csv）中，部分数据如下表所示。

鸢尾花数据（部分）。

sepal length/cm	sepal width/cm	petal length/cm	petal width/cm
5.1	3.5	1.4	0.2
4.9	3	1.4	0.2
4.7	3.2	1.3	0.2
4.6	3.1	1.5	0.2
5	3.6	1.4	0.2
5.4	3.9	1.7	0.4
4.6	3.4	1.4	0.3
5	3.4	1.5	0.2
4.4	2.9	1.4	0.2

现要求利用 K-Means 算法对鸢尾花进行聚类。

即测即练

综合应用篇

新能源汽车运行数据分析

新能源汽车的运行数据分析可以提供有关车辆性能、能源利用和驾驶行为等方面的洞察，如能源利用率分析、行驶模式分析、充电行为分析、驾驶行为分析、故障诊断和预测等。具体的分析方法和技术取决于可用的数据和分析目标。在实际应用中，还可以结合机器学习和数据挖掘等技术，以提取更深入的洞察和预测能力。

6.1　需　求　分　析

随着电池技术进步和产业化推广，我国新能源汽车产业已进入蓬勃发展的快车道，各级政府先后发布政策持续支持新能源汽车技术和产业发展，全球车企对新能源汽车发展和应用也都充满热情，不断进行探索和试验。相较于传统汽车，新能源汽车电气化、智能化、网联化、共享化程度更高，可采集的数据更丰富，可以支持多方面、深层次的数据分析需求。与此同时，在新一轮信息技术变革趋势下，车联网及大数据技术的应用为新能源汽车数据采集、运行分析、电池管理等领域带来了新的发展引擎和动能。

本章对上海市新能源汽车公共数据采集与监测研究中心提供的新能源汽车运行数据进行分析，挖掘出影响新能源汽车电池状态以及能耗的重要因素，通过用户的驾驶行为判断其使用风险等。

6.2　数据加载与预处理

6.2.1　数据说明

本章使用的新能源汽车运行数据集分为 3 个.csv 文件，其中 SHEVDC_OV6N7709.csv，SHEVDC_OV6N7709(1).csv 为纯电汽车的运行数据，SHEVDC_0C023H25.csv 为混动汽车的运行数据。数据集部分信息如图 6-1 所示。

视频 6.1　数据加载与预处理微课视频

表名	字段名	字段描述	字段范围
车辆运行数据	time	数据采集时间	yymmdd-hhmmss
	vehiclestatus	车辆状态；	01：车辆启动；02：熄火；03：其他；254：异常；255：无效
	chargestatus	充电状态；	01：停车充电；02：行驶充电；03：未充电；04：充电完成；254：异常；255：无效
	runmodel	运行模式；	01：纯电；02：混动；254表示异常；255表示无效
	speed	车速；	有效值范围：0km/h~220km/h,最小计量单元：0.1km/h
	summileage	累计里程；	有效值范围：0km~999999.9km,最小计量单元：0.1km
	sumvoltage	总电压；	有效值范围：0V~1000V，最小计量单元：0.1V，FFFE表示异常，FFFF表示无效
	sumcurrent	总电流；	有效值范围：-1000A~+1000A，最小计量单元：0.1A
	soc	SOC；	有效值范围：0%~100%，最小计量单元：1%
	dcdcstatus	DC-DC状态；	01：工作；02：断开；254：异常；255：无效
	gearnum	挡位；	二进制位，0-6的二进制位表示空挡-六挡，1101倒挡，1110D挡，1111停车P挡
	insulationresistance	绝缘电阻；	有效值范围：0kΩ~60000kΩ，最小计量单元：1kΩ
发动机数据（仅插电式混动车）	enginestatus	发动机状态；	01：启动；02：关闭；254：异常；255：无效
	grankshaftspeed	曲轴转速；	有效值范围：0r/min~60000r/min，最小计量单元：1r/min，65534表示异常，655335表示无效
	enginefuelconsumptionrate	燃料消耗率；	0L/100km~600L/km,最小计量单元：0.01L/100km
电池极值数据	max_volt_num	最高电压电池子系统号；	有效值范围：1~250，254表示异常，255表示无效
	max_volt_cell_id	最高电压电池单体代号；	有效值范围：1~250，254表示异常，255表示无效
	max_cell_volt	电池单体电压最高值；	有效值范围：0V~15V，最小计量单元：0.001V
	min_volt_num	最低电压电池子系统号；	有效值范围：1~250，254表示异常，255表示无效
	min_volt_cell_id	最低电压电池单体代号；	有效值范围：1~250，254表示异常，255表示无效
	min_cell_volt	电池单体电压最低值；	有效值范围：0V~15V，最小计量单元：0.001V
	max_temp_num	最高温度子系统号；	有效值范围：1~250，254表示异常，255表示无效
	max_temp_probe_id	最高温度探针单体代号；	有效值范围：1~250，254表示异常，255表示无效
	max_temp	最高温度值；	有效值范围：-40℃~+210℃,最小计量单元：1℃
	min_temp_num	最低温度子系统号；	有效值范围：1~250，254表示异常，255表示无效
	min_temp_probe_id	最低温度探针单体代号；	有效值范围：1~250，254表示异常，255表示无效
	min_temp	最低温度值；	有效值范围：-40℃~+210℃,最小计量单元：1℃
静态信息	vehicle_power_type	车辆类型（动力）	1:纯电动汽车/2:插电式混动力汽车
	energy_device_type	电池类型；	3:磷酸铁锂电池/4:三元锂电池
	curb_weight	整备质量	kg
	energy_device_power	车载储能装置额定总能量	kw/h
	energy_device_voltage	车载储能装置额定电压	v
	energy_device_capacity	车载储能装置总标称容量	ah

图 6-1　数据集部分信息

6.2.2　数据加载

1. 数据导入

首先将电动汽车运行数据导入 Python 中，对数据集各字段重命名，示例代码如下。

```python
import pandas as pd
#电动汽车数据
data_electric = pd.read_csv('/home/mw/input/SHEVDC/SHEVDC_OV6N7709(1).csv')
#列重命名
data_electric.rename(columns=
{'maxvoltagebatterysubseq':'max_volt_num',
'maxvoltagebatterysingleseq':'max_volt_cell_id',
'maxbatterysinglevoltageval':'max_cell_volt',
'minvoltagebatterysubseq':'min_volt_num',
'minvoltagebatterysingleseq':'min_volt_cell_id',
'minbatterysinglevoltageval':'min_cell_volt',
'maxtmpsubseq':'max_temp_num',
'maxtmpprobesingleseq':'max_temp_probe_id',
'maxtmpval':'max_temp',
'mintmpsubseq':'min_temp_num',
'mintmpprobesingleseq':'min_temp_probe_id',
'mintmpval':'min_temp'},inplace=True)
print(data_electric.head())
```

执行结果如图 6-2 所示。

	time	vehiclestatus	chargestatus	runmodel	speed	summileage	sumvoltage	
0	2019-01-10 01:12:00	1	4	1	0.0	39938.0	397.5	
1	2019-01-10 01:12:10	1	4	1	0.0	39938.0	397.5	
2	2019-01-10 01:12:20	1	4	1	0.0	39938.0	397.5	
3	2019-01-10 01:12:30	1	4	1	0.0	39938.0	397.5	
4	2019-01-10 01:12:40	1	4	1	0.0	39938.0	397.5	

5 rows × 24 columns

图 6-2　电动汽车数据集前 5 行

加载混动汽车运行数据并查看数据集，示例代码如下。

```
#混动汽车数据
data_hybrid = pd.read_csv('SHEVDC_0C023H25.csv')
print(data_hybrid.head())
```

执行结果如图 6-3 所示。

	time	vehiclestatus	chargestatus	runmodel	speed	summileage	sumvoltage	s
0	2019-01-06 15:36:27	1	3	1	79.7	69788.0	361.2	
1	2019-01-06 15:36:37	1	3	1	78.6	69789.0	360.0	
2	2019-01-06 15:36:47	1	3	1	74.2	69789.0	361.2	
3	2019-01-06 15:36:57	1	3	1	81.8	69789.0	350.5	
4	2019-01-06 15:37:07	1	3	1	74.1	69789.0	361.2	

5 rows × 27 columns

图 6-3　混动汽车数据集前 5 行

2. 数据检查

（1）是否包含空值。使用 info()方法查看数据框的信息，包括索引类型和列、非空值和内存使用情况。代码如下。

```
#电动汽车
print(data_electric.info())
#混动汽车
```

```
print(data_hybrid.info())
```

执行结果如图 6-4 所示。

```
<class 'pandas.core.frame.DataFrame'>          <class 'pandas.core.frame.DataFrame'>
RangeIndex: 14745 entries, 0 to 14744       RangeIndex: 3121 entries, 0 to 3120
Data columns (total 24 columns):            Data columns (total 27 columns):
time                    14745 non-null object   time                    3121 non-null object
vehiclestatus           14745 non-null int64    vehiclestatus           3121 non-null int64
chargestatus            14745 non-null int64    chargestatus            3121 non-null int64
runmodel                14745 non-null int64    runmodel                3121 non-null int64
speed                   14745 non-null float64  speed                   3121 non-null float64
summileage              14745 non-null float64  summileage              3121 non-null float64
sumvoltage              14745 non-null float64  sumvoltage              3121 non-null float64
sumcurrent              14745 non-null float64  sumcurrent              3121 non-null float64
soc                     14745 non-null int64    soc                     3121 non-null int64
dcdcstatus              14745 non-null int64    dcdcstatus              3121 non-null int64
gearnum                 14745 non-null int64    gearnum                 3121 non-null int64
insulationresistance    14745 non-null int64    insulationresistance    3121 non-null int64
max_volt_num            14745 non-null int64    enginestatus            1689 non-null float64
max_volt_cell_id        14745 non-null int64    grankshaftspeed         1689 non-null float64
                                                enginefuelconsumptionrate 1689 non-null float64
```

图 6-4　查看电动汽车和混动汽车数据框信息

从上述执行结果可知：电动汽车运行数据共 14745 条，不含空值；混动汽车运行数据共 3231 条，其中 enginestatus、grankshaftspeed、enginefuelconsumptionrate3 个字段存在空值。由前述可知，这 3 个字段是描述发动机状态的，当混动汽车采取电动模式运行时，这部分字段为空是合理的，因此无须特殊处理。

（2）查看数据采集时间。查看数据采集时间，代码如下。

```
#电动汽车
print('最早时间: ',data_electric['time'].min())
print('最晚时间: ',data_electric['time'].max())
#混动汽车
print('最早时间: ',data_hybrid['time'].min())
print('最晚时间: ',data_hybrid['time'].max())
```

执行结果如图 6-5 所示。

```
最早时间: 2019-01-10 01:12:00
最晚时间: 2019-01-12 23:59:51

最早时间: 2019-01-06 15:36:27
最晚时间: 2019-01-07 00:31:28
```

图 6-5　查看数据采集时间

（3）统计性描述。使用 describe()方法查看电动汽车描述性统计信息，代码如下。

```
#电动汽车
print(data_electric.describe())
```

执行结果如图 6-6 所示。

	vehiclestatus	chargestatus	runmodel	speed	summileage	sumvoltage	sumcurrent	soc	dcdcstatus	gearnum	...	max_cell_volt	min_volt_num	min_volt_cell_id	min_cell_v
count	14745.000000	14745.000000	14745.0	14745.000000	14745.000000	14745.000000	14745.000000	14745.000000	14745.000000	14745.00000	...	14745.000000	1.0	14745.000000	14745.0000
mean	1.624279	1.712716	1.0	9.069942	40179.268973	370.922543	0.874859	70.491828	1.608749	5.48803	...	3.867531	1.0	70.772533	3.857497
std	0.484325	0.948164	0.0	20.524891	98.291671	15.775985	24.126574	22.290064	0.488047	6.91729	...	0.164044	0.0	15.125815	0.163689
min	1.000000	1.000000	1.0	0.000000	39938.000000	322.200000	-113.100000	7.000000	0.00000	0.00000	...	3.382000	1.0	3.000000	3.346000
25%	1.000000	1.000000	1.0	0.000000	40091.000000	358.700000	-8.900000	61.000000	1.00000	0.00000	...	3.742000	1.0	75.000000	3.730000
50%	2.000000	1.000000	1.0	0.000000	40167.000000	372.200000	-8.400000	75.000000	2.00000	0.00000	...	3.881000	1.0	75.000000	3.872000
75%	2.000000	3.000000	1.0	0.000000	40250.000000	383.500000	1.300000	87.000000	2.00000	14.00000	...	3.999000	1.0	75.000000	3.990000
max	4.000000	4.000000	1.0	108.700000	40369.000000	399.000000	282.900000	100.000000	2.00000	15.00000	...	4.161000	1.0	96.000000	4.151000

8 rows × 23 columns

图 6-6　电动汽车描述性统计

从以上执行结果可知：该电动汽车的行驶速度最大为 108.7 km/h，累计里程从 39938 km 增长为 40369 km（共行驶 431 km）；行驶过程中的总电压在 322.2～399.0 V 之间变化，总电流在 –113.1～282.9 A 之间变化；SOC（剩余电量）最小为 7%，最大为 100%，平均电量为 70%；电池单体电压在 3.35～4.16 V 之间变化，电池温度在 5～13 ℃之间变化。

使用 describe()方法查看混动汽车描述性统计信息，代码如下。

```
#混动汽车
print(data_hybrid.describe())
```

执行结果如图 6-7 所示。

	vehiclestatus	chargestatus	runmodel	speed	summileage	sumvoltage	sumcurrent	soc	dcdcstatus	gearnum	...	max_cell_volt	min_volt_num	min_volt_cell_id	min_cell_volt	max_temp_num	ma
count	3121.000000	3121.000000	3121.000000	3121.000000	3121.000000	3121.000000	3121.000000	3121.000000	3121.000000	3121.0	...	3121.000000	3121.000000	3121.0		312
mean	1.458827	1.947453	1.736302	13.635854	69853.980455	361.539250	-0.641974	57.543095	1.458827	7.719321	...	3.767752	1.0	61.212752	3.760058	1.0	3.4
std	0.498382	0.928775	0.454316	23.723204	42.582988	15.284665	17.985884	26.051087	0.498382	7.084430	...	0.158410	0.0	26.075302	0.159284	0.0	14.
min	1.000000	1.000000	1.000000	0.000000	69788.000000	330.000000	-108.000000	18.000000	1.000000	0.000000	...	3.450000	1.0	6.000000	3.417000	1.0	2.0
25%	1.000000	1.000000	1.000000	0.000000	69822.000000	348.200000	-8.300000	32.000000	1.000000	0.000000	...	3.630000	1.0	39.000000	3.621000	1.0	2.0
50%	1.000000	2.000000	2.000000	0.000000	69833.000000	359.500000	-5.700000	60.000000	1.000000	14.000000	...	3.744000	1.0	68.000000	3.740000	1.0	2.0
75%	2.000000	3.000000	2.000000	22.600000	69909.000000	374.700000	1.600000	81.000000	2.000000	14.000000	...	3.903000	1.0	71.000000	3.898000	1.0	2.0
max	2.000000	3.000000	3.000000	103.600000	69909.000000	390.200000	105.100000	100.000000	2.000000	15.000000	...	4.065000	1.0	255.000000	4.056000	1.0	255

8 rows × 26 columns

图 6-7　混动汽车描述性统计

从以上执行结果可知：该混动汽车的最大行驶速度为 103.6 km/h，累计里程由 69788 km 增长为 69909 km（共行驶 121 km）；行驶过程中的总电压在 330.0～390.2 V 之间变化，总电流在 –108.0～105.1 A 之间变化（总电流最大值明显低于电动汽车）；SOC（剩余电量）最小为 18%，最大为 100%，平均为 57.5%；电池单体电压在 3.42～4.07 V 之间变化（变化幅度小于电动汽车），电池温度在 22～33 ℃之间变化（明显高于电动汽车）。

6.2.3　数据预处理

由于数据采集频率为每 10 s 一次，间隔过小，不利于后续数据分析，因此对 time 字段只取小时，对每个小时内的数据取平均值即可。混动汽车数据量较小，对其每 15 min 内的数据做一次汇总即可。代码如下。

```
#电动汽车
def hour(time):
    return time[5:13]
data_electric['time'] = data_electric['time'].apply(hour)
electric_group = data_electric.groupby('time').mean()
print(electric_group.head())
#查看聚合后的数据形状
```

```
print(electric_group.shape)
#混动汽车
def quarter(time):
    m = int(time[14:16])//15+1
    return time[5:13]+' '+str(m)
data_hybrid['time'] = data_hybrid['time'].apply(quarter)
hybrid_group = data_hybrid.groupby('time').mean()
print(hybrid_group.head())
#查看聚合后的数据形状
print(hybrid_group.shape)
```

执行结果如图 6-8 所示。

time	vehiclestatus	chargestatus	runmodel	speed	summileage	sumvoltage	sumcurrent	soc	dcdcstatus
01-10 01	1.000000	3.093190	1.0	14.955914	39940.243728	392.696416	12.277419	97.379928	1.00000
01-10 02	1.000000	2.864865	1.0	42.981081	39974.094595	371.701351	27.295495	78.216216	1.00000
01-10 03	1.000000	2.808989	1.0	43.995787	40014.907303	352.339607	29.968258	55.339888	1.00000
01-10 04	1.000000	2.816667	1.0	46.776944	40057.422222	340.896667	35.086111	29.002778	1.00000
01-10 05	1.707246	1.539130	1.0	10.651014	40089.739130	337.776522	2.398261	9.944928	1.66087

5 rows × 23 columns

图 6-8   数据预处理

经过预处理后，电动汽车运行数据集整合为 55 行 23 列，混动汽车运行数据集整合为 37 行 26 列。

6.3   探索性数据分析

1. 电动汽车

对电动汽车运行数据分布进行分析，代码如下。

视频 6.2   探索性数据分析微课视频

```
#电动汽车数据分布
import matplotlib.pyplot as plt
def distribution1(column):
    x = data1[column].value_counts().index
    y = data1[column].value_counts().values
    plt.bar(x,y,width=data1[column].nunique()*0.2)
    plt.xlabel(column)
plt.figure(figsize=(15,3.5))
data1 = data_electric[['vehiclestatus','chargestatus','runmodel', 'dc-
dcstatus']]
for i in range(0,4):
    plt.subplot(1,4,i+1)
    distribution1(data1.columns[i])
plt.show()
```

执行结果如图 6-9 所示。

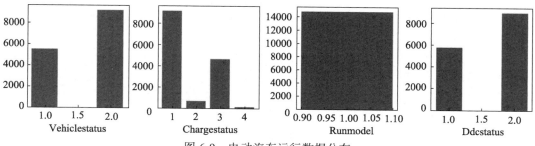

图 6-9　电动汽车运行数据分布

从以上执行结果可知：

- 该电动汽车有车辆启动 1 和熄火 2 两个状态，且大部分时间处于熄火状态。
- 充电状态主要为停车充电 1 和未充电 3，较少时间处于行驶充电 2 和充电完成 4 状态。
- 电动汽车运行模式只有纯电一种模式。
- DCDC 状态（直流电切换）超过一半时间为断开 2 状态。

2. 混动汽车

对混动汽车运行数据分布进行分析，代码如下。

```
#混动汽车数据分布
def distribution2(column):
    x = data2[column].value_counts().index
    y = data2[column].value_counts().values
    plt.bar(x,y)
    plt.xlabel(column)
plt.figure(figsize=(17,3))
data2 = data_hybrid[['vehiclestatus','chargestatus','runmodel','dcdcsta-
tus','enginestatus']]
for i in range(0,5):
    plt.subplot(1,5,i+1)
    distribution2(data2.columns[i])
plt.show()
```

执行结果如图 6-10 所示。

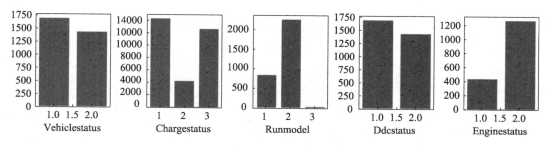

图 6-10　混动汽车运行数据分布

从以上执行结果可知：

- 该混动汽车主要有车辆启动 1 和熄火 2 两个状态，且大部分时间处于车辆启动状态。
- 充电状态主要为停车充电 1 和未充电 3，较少时间处于行驶充电 2 状态，没有充电完成 4 的状态。
- 混动汽车超过 60% 的时间采取混动 2 模式行驶，较少时间采取纯电 1 模式行驶，采取燃油 3 模式行驶的时间几乎可以忽略不计。
- 混动汽车超过一半的时间 DCDC 直流电切换处于工作 1 状态。
- 混动汽车大约 3/4 的时间发动机处于关闭 2 状态。

接下来看一下混动汽车分别处于启动和熄火两个状态时发动机的状态，代码如下。

```
#混动汽车启动和熄火时的数据量
print('车辆启动: ',data_hybrid[data_hybrid['vehiclestatus']==1].shape[0])
print('车辆熄火: ',data_hybrid[data_hybrid['vehiclestatus']==2].shape[0])
```

执行结果如图 6-11 所示。

```
车辆启动:   1689
车辆熄火:   1432
```

图 6-11   混动汽车启动和熄火时的数据量

查看含发动机状态的 1689 条数据是否全部来源为车辆启动时，代码如下。

```
 print(data_hybrid[data_hybrid['vehiclestatus']==2]['enginestatus'].
unique())
```

从执行结果为 NaN 可知，混动汽车采集的 3121 条数据中，只有当车辆处于启动状态时才会采集发动机状态，而在采集了发动机状态的这 1689 条数据中，有大约 3/4 的时间发动机为关闭状态。

6.4   电池健康状态可视化

6.4.1   SOC 变化曲线

1. 电动汽车 SOC 变化曲线

电动汽车 SOC（state of charge）是指电动汽车电池的剩余电量。可视化电动汽车 SOC 变化曲线，代码如下。

视频 6.3   电池健康状态
可视化微课视频

```
#电动汽车 SOC 变化曲线
plt.figure(figsize=(10,5))
electric_xticks = []
for i in range(14):
    electric_xticks.append(electric_group.index[4*i])
plt.plot(electric_group.index,electric_group.soc)
plt.xticks(electric_xticks,rotation=45)
```

```
plt.ylabel('SOC %')
plt.show()
```

执行结果如图 6-12 所示。

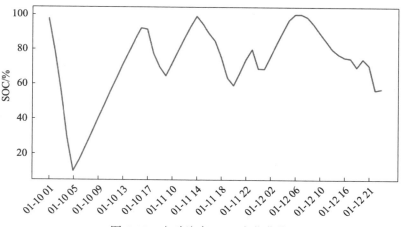

图 6-12　电动汽车 SOC 变化曲线

可视化电动汽车行驶和熄火时的 SOC 变化曲线，代码如下。

```
#电动汽车分行驶和熄火时的 SOC 变化图
#plt.rcParams['font.sans-serif']=['STHeiti']
electric_group1 = data_electric[data_electric.vehiclestatus==1]. Groupby
('time').mean()
electric_group2 = data_electric[data_electric.vehiclestatus==2]. Groupby
('time').mean()
electric_group1 = pd.merge(pd.DataFrame(data_electric.time.unique(),
columns=['time']),electric_group1,
how='left',left_on='time',right_on=electric_group1.index)
electric_group1.fillna(0)
electric_group2 = pd.merge(pd.DataFrame(data_electric.time.unique(),
columns=['time']),electric_group2,
how='left',left_on='time',right_on=electric_group2.index)
electric_group2.fillna(0)
fig,ax1=plt.subplots(figsize=(10,5))
ax1.scatter(electric_group1.time,electric_group1.soc,label='driving')
plt.xticks(electric_xticks,rotation=45)
plt.ylabel('SOC %')
ax1.scatter(electric_group2.time,electric_group2.soc,color='g',label
='flameout')
plt.legend()
plt.show()
```

执行结果如图 6-13 所示。

从以上执行结果可知：

- 该电动汽车在数据所在时间段内经历了几个放电—充电的循环过程，车辆熄火时一般都在充电。
- 电动汽车放电、充电时的 SOC 变化与时间呈线性关系。

第 6 章　新能源汽车运行数据分析　125

- 第一次（接近）完全放电用时 4 h 左右，而第一次完全充电则用时 12 h 左右。
- 除第一次（几乎）完全放电外，该电动汽车 SOC（剩余电量）都在 50% 以上。

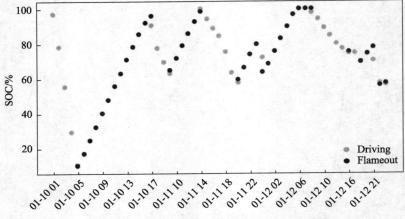

图 6-13   电动汽车行驶和熄火时的 SOC 变化图

2. 混动汽车 SOC 变化曲线

可视化混动汽车 SOC 变化曲线，代码如下。

```
#混动汽车 SOC 变化曲线
plt.figure(figsize=(10,5))
hybrid_xticks = []
for i in range(13):
    hybrid_xticks.append(hybrid_group.index[3*i])
plt.plot(hybrid_group.index,hybrid_group.soc)
plt.xticks(hybrid_xticks,rotation=45)
plt.ylabel('SOC %')
plt.show()
```

执行结果如图 6-14 所示。

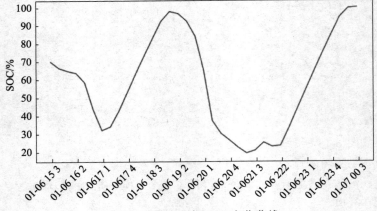

图 6-14   混动汽车 SOC 变化曲线

可视化混动汽车行驶和熄火时的 SOC 变化曲线，代码如下。

```
#混动汽车分行驶和熄火时的 SOC 变化图
    hybrid_group1 = data_hybrid[data_hybrid.vehiclestatus==1].groupby ('time').
mean()
    hybrid_group2 = data_hybrid[data_hybrid.vehiclestatus==2].groupby ('time').
mean()
    hybrid_group1 = pd.merge(pd.DataFrame(data_hybrid.time.unique(),columns=
['time']),hybrid_group1,
how='left',left_on='time',right_on=hybrid_group1.index)
    hybrid_group1.fillna(0)
    hybrid_group2 = pd.merge(pd.DataFrame(data_hybrid.time.unique(),columns=
['time']),hybrid_group2,
how='left',left_on='time',right_on=hybrid_group2.index)
    hybrid_group2.fillna(0)
    fig,ax1=plt.subplots(figsize=(10,5))
    ax1.scatter(hybrid_group1.time,hybrid_group1.soc,label='driving')
    plt.xticks(hybrid_xticks,rotation=45)
    plt.ylabel('SOC %')
    ax1.scatter(hybrid_group2.time,hybrid_group2.soc,color='g',label='fl
ameout')
    plt.legend()
    plt.show()
```

执行结果如图 6-15 所示。

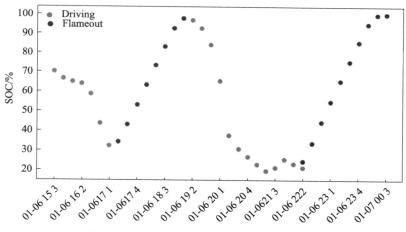

图 6-15　混动汽车行驶和熄火时的 SOC 变化

从以上执行结果可知：

- 该混动汽车绝大部分时间在车辆处于启动状态时耗电，在熄火状态时充电，但也有少数时间在车辆启动时电量增加，推测该时间段汽车处于行驶充电状态。
- 混动汽车 SOC（剩余电量）从 30%增加至 100%用时 2 h 左右，第一次 SOC（剩余电量）由 100%降低至 20%也用时 2.5 h 左右，我们推测混动汽车每次完全充电和完全放电均用时 3 h 左右，同时也说明了混动汽车的电池容量是明显小于电动汽车的。
- 混动汽车的 SOC（剩余电量）大约有一半时间不超过 50%，说明混动汽车对电池的依赖不如电动汽车那么强（与我们的认知相符）。

6.4.2 温度变化曲线

1. 电动汽车电池温度变化曲线

可视化电动汽车电池温度变化曲线，代码如下。

```
#电动汽车电池温度变化曲线
plt.figure(figsize=(10,5))
plt.plot(electric_group.index,electric_group.soc,label='SOC')
plt.plot(electric_group.index,electric_group.max_temp,label='Temp')
plt.xticks(electric_xticks,rotation=45)
plt.legend()
plt.show()
```

执行结果如图 6-16 所示。

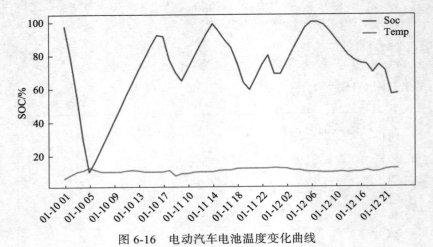

图 6-16 电动汽车电池温度变化曲线

从执行结果可知，电动汽车电池温度整体比较稳定，但在快速放电时可能在短时间内升高。

2. 混动汽车电池温度变化曲线

可视化电动汽车电池温度变化曲线，代码如下。

```
#混动汽车电池温度变化曲线
plt.figure(figsize=(10,5))
plt.plot(hybrid_group.index,hybrid_group.soc,label='SOC')
plt.plot(hybrid_group.index,hybrid_group.max_temp,label='Temp')
plt.xticks(hybrid_xticks,rotation=45)
plt.legend()
plt.show()
```

执行结果如图 6-17 所示。

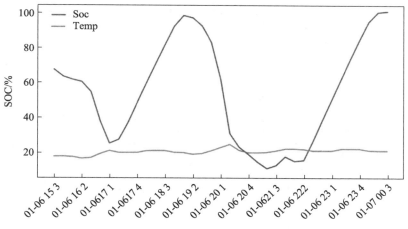

图 6-17　混动汽车电池温度变化曲线

从以上执行结果可知：混动汽车电池温度变化趋势与电动汽车相似，电池温度升高主要是 SOC（剩余电量）较低时；另外，混动汽车的电池温度平均值是明显高于电动汽车的。

6.4.3　功率变化曲线

1. 电动汽车功率变化曲线

已知电动汽车总功率(P)=总电压（U）*总电流(I)。可视化电动汽车功率变化曲线，代码如下。

```
#电动汽车功率变化曲线
electric_group['power'] = electric_group['sumvoltage']*electric_ group
['sumcurrent']
fig,ax1=plt.subplots(figsize=(10,5))
ax1.plot(electric_group.index,electric_group.soc,label='SOC')
plt.xticks(electric_xticks,rotation=45)
plt.legend(loc=2)
ax2=ax1.twinx()
ax2.plot(electric_group.index,electric_group.power,color='orange',la
bel='Power')
plt.xticks(electric_xticks,rotation=45)
plt.legend()
plt.show()
```

执行结果如图 6-18 所示。

从以上执行结果可知：

- 对电动汽车，充电期间总功率是恒定的，约为–3500 W。
- 电动汽车每次充电时，总功率会由当前值迅速降低至–3500 W 左右。
- 电动汽车每次放电时，总功率会迅速增加，而在放电的初期（提速阶段），总功率增加得更快一些。

第 6 章　新能源汽车运行数据分析　　129

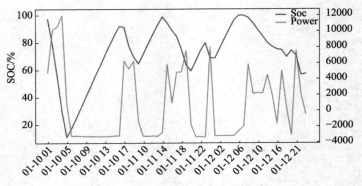

图 6-18　电动汽车功率变化曲线

2. 混动汽车功率变化曲线

已知混动汽车总功率(P)=总电压（U）＊总电流(I)+FV（力学功率），当混动汽车采取混动模式行驶时可认为P=a (UI)+b (FV)（其中 a、b 为常量，且 a+b=1）。接下来查看混动汽车的总功率 P 和速度 V 随着 SOC 的变化，代码如下。

```
#混动汽车功率及速度变化曲线
hybrid_group['power'] = hybrid_group['sumvoltage']*hybrid_group['su-mcurrent']
fig,ax1=plt.subplots(figsize=(10,5))
ax1.plot(hybrid_group.index,hybrid_group.soc,label='SOC')
ax1.plot(hybrid_group.index,hybrid_group.speed,color='g',label='Speed')
plt.xticks(hybrid_xticks,rotation=45)
plt.legend(loc=2)
ax2=ax1.twinx()
ax2.plot(hybrid_group.index,hybrid_group.power,color='orange',label='Power')
plt.xticks(hybrid_xticks,rotation=45)
plt.legend()
plt.show()
```

执行结果如图 6-19 所示。

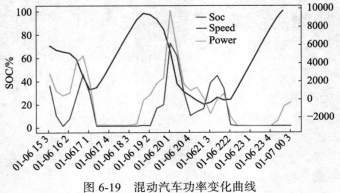

图 6-19　混动汽车功率变化曲线

从以上执行结果可知：

- 混动汽车充电初期总功率维持在-3000 W 左右，但在充电末期总功率会迅速提升至 0，推测可能是开启了行驶充电模式。
- 混动汽车的速度与总功率的变化趋势十分相似，但也有少部分时间呈负相关，我们推测这些时段可能是混动汽车开启了混动模式行驶。

6.5 能 耗 预 测

从上一节的分析中得知，充电状态、车速、总功率、电池温度都是影响汽车 SOC 的重要因素，下面我们来分析变量间的相关性。

6.5.1 电动汽车能耗预测

1. 电动汽车行驶状态数据相关性分析

由于纯电动汽车运行数据包含了几个放电—充电—放电的流程，每一个行驶前的初始电量又是变化的，因此需要考虑一个完整的放电过程去进行拟合。代码如下。

```
#电动汽车一次完整的放电过程数据
data_electric2 = data_electric[(data_electric['time']>='01-10 01')&(data_electric['time']<='01-10 05')]
    print(data_electric2[['distince','speed','power','gearnum','max_temp','soc']].corr())
```

执行结果如图 6-20 所示。

	distince	speed	power	gearnum	max_temp	soc
distince	1.000000	0.009690	-0.048358	-0.535278	0.972000	-0.999305
speed	0.009690	1.000000	0.449681	0.413613	0.057449	-0.011174
power	-0.048358	0.449681	1.000000	0.290716	-0.025285	0.046937
gearnum	-0.535278	0.413613	0.290716	1.000000	-0.474814	0.529325
max_temp	0.972000	0.057449	-0.025285	-0.474814	1.000000	-0.970405
soc	-0.999305	-0.011174	0.046937	0.529325	-0.970405	1.000000

图 6-20 电动汽车行驶状态数据相关性分析

2. 线性回归分析

从以上执行结果可知，SOC 的变化与行驶距离 distince 和电池温度 max_temp 具有非常高的相关性。进一步线性回归分析代码如下。

```
y = data_electric2.soc
X = data_electric2[['distince','max_temp','gearnum']]
train_X, test_X, train_y, test_y = train_test_split(X, y, test_size=0.3)
# 实例化一个 LinearRegression 类并调用
clf = LinearRegression()
clf.fit(train_X,train_y)
```

```
test_y_pred = clf.predict(test_X)
#查看回归系数与截距
a = clf.coef_
b = clf.intercept_
print('回归系数：',a,', 截距：',b)
print(r2_score(test_y,test_y_pred))
```

执行结果如图 6-21 所示。

回归系数： [-0.60410438 0.36287046 -0.059713]，截距： 98.00748255330976

0.30926027739803397

图 6-21　纯电动汽车能耗分析

通过 r2 值可知，模型对 SOC 的描述程度非常高，对应的数学表达式为：

SOC= − 0.6041 * distince + 0.3629 * max_temp −0.0597 gearnum + 98.0075

这表明了电动汽车在放电行驶过程中时，SOC 会随着行驶距离和挡位的增加而降低，其中行驶距离是主要影响因素；另外电池温度的适当提升可以提升 SOC。

6.5.2　混动汽车能耗预测

1. 混动汽车行驶状态数据相关性分析

对混动汽车行驶状态数据进行相关性分析，代码如下。

```
#混动汽车行驶状态数据
data_hybrid['power'] = data_hybrid['sumvoltage']*data_hybrid['sumcurrent']
data_hybrid['distince'] = data_hybrid['summileage']-min(data_hybrid['summileage'])
data_hybrid1 = data_hybrid[data_hybrid['enginestatus']==1]
print(data_hybrid1[['chargestatus','distince','speed','power','gearnum','max_temp','grankshaftspeed','soc']].corr())
```

执行结果如图 6-22 所示。

	chargestatus	distince	speed	power	gearnum	max_temp	grankshaftspeed	soc
chargestatus	1.000000	-0.118385	0.004872	0.687276	-0.058846	-0.071826	0.043988	0.164638
distince	-0.118385	1.000000	0.373480	-0.066912	0.035244	0.672353	0.072657	-0.818908
speed	0.004872	0.373480	1.000000	0.001805	0.084560	0.604542	0.579285	-0.375031
power	0.687276	-0.066912	0.001805	1.000000	-0.008415	-0.065653	-0.050287	0.099259
gearnum	-0.058846	0.035244	0.084560	-0.008415	1.000000	-0.007834	-0.023145	-0.105821
max_temp	-0.071826	0.672353	0.604542	-0.065653	-0.007834	1.000000	0.313536	-0.429131
grankshaftspeed	0.043988	0.072657	0.579285	-0.050287	-0.023145	0.313536	1.000000	-0.075443
soc	0.164638	-0.818908	-0.375031	0.099259	-0.105821	-0.429131	-0.075443	1.000000

图 6-22　混动汽车行驶状态数据

2. 线性回归分析

从以上执行结果可知，影响混动汽车 SOC 变化的两个重要因素是行驶距离和电池温度。进一步线性回归分析，代码如下。

```
# 线性回归
y = data_hybrid1.soc
X = data_hybrid1[['distince','max_temp']]
train_X, test_X, train_y, test_y = train_test_split(X, y, test_size=0.3)
# 实例化一个 LinearRegression 类并调用
clf2 = LinearRegression()
clf2.fit(train_X,train_y)
test_y_pred = clf2.predict(test_X)
#查看回归系数与截距
a = clf2.coef_
b = clf2.intercept_
print('回归系数: ',a,', 截距: ',b)
print(r2_score(test_y,test_y_pred))
```

执行结果如图 6-23 所示。

回归系数: [-0.515996   2.07658578], 截距: 15.884521034889513

图 6-23　混动汽车能耗分析

通过 r2 值可知，模型对 SOC 的描述程度较高，对应的数学表达式为：

SOC = –0.515996 * 行驶距离+2.07658578 * 电池温度+15.884521034889513

需要注意的是，温度对电量的正向影响与平时的认知是相悖的，说明模型有待持续调优。
单独对混动汽车行驶距离与 SOC 变化关系进行分析，代码如下。

```
#混动汽车行驶距离和 SOC 的变化关系
data_hybrid1[['distince','soc']].plot()
```

执行结果如图 6-24 所示。

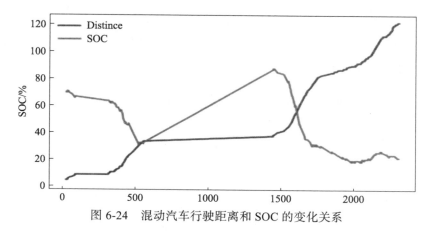

图 6-24　混动汽车行驶距离和 SOC 的变化关系

从以上执行结果可知，混动汽车 SOC 与行驶距离几乎是呈负相关的，但中间经历了一
段可能是行驶充电的过程。具体分析代码如下。

```
#找到电量为峰值的点
```

```
print(data_hybrid1[data_hybrid1.soc==87].time.unique())
#行驶里程为 121km 的时间
print(data_hybrid1.time.max())
#对应该时间的行驶距离
print(data_hybrid1[data_hybrid.time=='01-06 19 3'].distince.unique())
```

执行结果如图 6-25 所示。

```
'01-06 22 1'

array([37., 38.])
```

图 6-25   执行结果

从以上分析可知，该混动汽车在[01-06 19 3]~[01-06 22 1]大约 2.5 h 小时内行驶了 84 km，电量由 87%降低至 18%，平均每小时消耗 27.5%的电量，同时该混动汽车在此时间段内还消耗了 3/100* 84=2.52(L)燃油，换算为百公里油耗 3L+电耗 81%。

接下来对采取混动模式行驶过程中的数据进行分析，代码如下。

```
# 线性回归
data_hybrid3 = data_hybrid[data_hybrid['runmodel']==3]
y = data_hybrid3.soc
X = data_hybrid3[['distince','max_temp']]
train_X, test_X, train_y, test_y = train_test_split(X, y, test_size=0.3)
# 实例化一个 LinearRegression 类并调用
clf3 = LinearRegression()
clf3.fit(train_X,train_y)
test_y_pred = clf3.predict(test_X)
#查看回归系数与截距
a = clf3.coef_
b = clf3.intercept_
print('回归系数: ',a,', 截距: ',b)
print('R2_Score: ',r2_score(test_y,test_y_pred))
```

执行结果如图 6-26 所示。

```
回归系数: [-0.29342681  1.39043675] , 截距: 15.091103138001788
R2_Score: 0.7960934726864556
```

图 6-26   混动汽车混动模式能耗分析

最后对采取完全燃油模式行驶过程中的数据进行分析，代码如下。

```
#混动汽车采取燃油模式行驶时的数据
data_hybrid3 = data_hybrid[data_hybrid['runmodel']==3]
print(data_hybrid3.describe())
#混动汽车采取燃油模式行驶时行驶距离和 SOC 的变化关系
data_hybrid3[['distince','soc']].plot()
```

执行结果如图 6-27 所示。

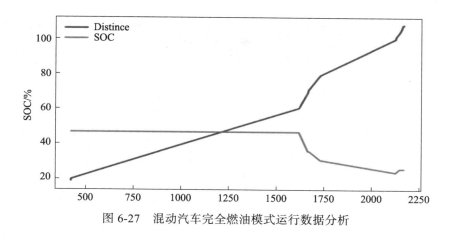

图 6-27　混动汽车完全燃油模式运行数据分析

从以上执行结果可知，混动汽车初期以某个固定速度行驶时，行驶距离均匀增大，SOC不变，后续提速时，SOC 逐渐减小，进一步分析此时对应的速度，代码如下。

```
#电量开始下降时对应的时间
print(data_hybrid3[data_hybrid3.soc==46].time.max())
#电量开始下降时对应的速度
print(data_hybrid3[data_hybrid3.time=='01-06 20 1'].speed)
#混动汽车采取燃油模式行驶的时间跨度
print(data_hybrid3.time.min(),data_hybrid3.time.max())
```

执行结果如图 6-28 所示。

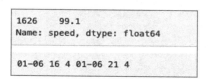

图 6-28　执行结果

从以上分析结果可以合理推断，车速 100 km/h 是采取燃油模式行驶的混动行车车速的临界值，速度超过 100 km/h 不仅需要发动机提供动力，同时还会消耗电量。由此可计算出混动汽车在这 5 小时内行驶了 90 km，油耗 3*90/100=2.7 L，同时电量由 46% 下降到了 23% 左右，换算为百公里油耗 3 L+电耗 25%。

本 章 小 结

本章通过对两种新能源汽车（纯电动汽车、混动汽车）的运行数据分析，得到了一些影响新能源汽车能耗及电池状态的因素，建立了新能源汽车一次完整的放电过程的线性回归模型进行深入分析。

## 第7章

汽车贷款违约概率预测

汽车贷款是指银行或其他金融机构向客户提供的一种购买汽车的贷款方式——不必一次性支付全部费用，减轻了客户的经济压力，同时还可以提高客户的信用评级。

7.1 需求分析

与此同时，受部分客户信用观念的缺失、经销商"低息诱导"、汽车金融机构风控不严等问题影响，不断攀升的汽车贷款违约率也向银行等相关金融机构敲响了警钟。

汽车贷款违约预测的意义在于，它可以帮助金融机构更好地了解客户的还贷能力和风险，从而更好地进行风险控制和贷款审批。同时汽车贷款违约预测也可以帮助客户更好地了解自己的还款能力和风险，从而更好地规划自己的财务状况。

本章将对汽车贷款违约数据集进行数据加载、数据清洗、数据分析、模型构建、模型评估、预测结果可视化，希望找到能准确预测客户汽车贷款违约的模型，降低汽车金融机构的金融风险。

7.2 数据加载、清洗与分析

7.2.1 数据说明与加载

1. 数据说明

视频 7.1 需求分析与数据读取 微课视频

汽车贷款违约数据集有 Train_Dataset.csv，Test_Dataset.csv，Data_Dictionary.csv 3 个 csv 文件。其中 Train_Dataset 文件共有 121856 条数据，39 个特征，一个违约结果；Test_Dataset 文件共有 80900 条数据，39 个特征；Data_Dictionary 文件主要是汽车贷款违约数据 39 个特征的列表，具体说明如表 7-1 所示。

表 7-1 汽车贷款违约数据集的特征及说明

特　征	说　明
ID	客户贷款申请 ID
Client_Income	客户收入
Car_Owned	客户申请本次车贷款前是否已拥有汽车（0 表示没有，1 表示有）
Bike_Owned	客户是否拥有摩托车、自行车等（0 表示没有，1 表示有）
Active_Loan	申请该笔贷款时，是否还有其他贷款（0 表示没有，1 表示有）
House_Own	客户是否拥有的房产（0 表示没有，1 表示有）

特　征	说　明
Child_Count	客户有几个孩子
Credit_Amount	客户贷款信用额度
Loan_Annuity	贷款年金
Accompany_Client	客户申请贷款时谁陪同客户
Client_Income_Type	客户收入类型
Client_Education	客户最高受教育程度
Client_Marital_Status	客户婚姻状况（D—离婚，S—单身，M—已婚，W—丧偶）
Client_Gender	客户性别
Loan_Contract_Type	贷款类型（CL—现金贷款，RL—循环贷款）
Client_Housing_Type	客户的房产类型，主要关注房产所在位置
Population_Region_Relative	客户所在地区的相对人口。较高的价值意味着客户居住在人口较多的地区
Age_Days	提交申请时客户的年龄
Employed_Days	在申请贷款前，客户开始挣钱的天数
Registration_Days	在贷款申请前，客户更改了他/她的注册信息的天数
ID_Days	在贷款申请前，客户更改了他/她申请贷款的 ID 文档的天数
Own_House_Age	客户房屋的拥有年限
Mobile_Tag	客户是否提供手机号码（1 表示是，0 表示否）
Homephone_Tag	客户是否提供家庭座机号码（1 表示是，0 表示否）
Workphone_Working	客户提供的单位座机号码能否打通（1 表示是，0 表示否）
Client_Occupation	客户职业类型
Client_Family_Members	客户家庭成员人数
Cleint_City_Rating	客户城市评级（3 表示最佳，2 表示良好，1 表示平均）
Application_Process_Day	客户申请贷款是一周中的哪一天 （0 周日、1 周一、2 周二、3 周三、4 周四、5 周五、6 周六）
Application_Process_Hour	客户申请贷款当天的时间
Client_Permanent_Match_Tag	客户联系地址是否匹配与永久地址
Client_Contact_Work_Tag	客户工作地址是否和联系地址匹配
Type_Organization	客户工作单位类型
Score_Source_1	来自其他渠道的信息 1
Score_Source_2	来自其他渠道的信息 2
Score_Source_3	来自其他渠道的信息 3
Social_Circle_Default	在过去 60 天内，有多少客户的朋友/家人拖欠了贷款
Phone_Change	在贷款申请前多少天，客户才更改了她/他的电话号码
Credit_Bureau	去年信用查询次数
Default	违约情况（1 表示违约，0 表示没有违约）

2. 数据加载

相关模块的导入和训练数据集加载代码如下。

```
import numpy as np                                    #导入 numpy 模块
import pandas as pd                                   #导入 pandas 模块
import matplotlib.pyplot as plt                       #导入 matplotlib 绘图模块
import seaborn as sns                                 #导入 seaborn 绘图模块
from sklearn.preprocessing import OrdinalEncoder          #顺序编码类
from sklearn.model_selection import train_test_split
from imblearn.over_sampling import RandomOverSampler     #过采样模块
from sklearn.preprocessing import StandardScaler
from sklearn import linear_model                       #线性模型模块
from sklearn.metrics import classification_report,confusion_matrix,
roc_curve,auc
plt.rcParams.update({"font.size":12})         #设置绘图图片中文字大小
df_train = pd.read_csv("D:/Data/Train_Dataset.csv")
shape_TrainDat= df_train.shape                #训练数据集的样本数据信息
```

执行结果如图 7-1 所示，其中训练数据集有 121 856 个样本，包括预测结果 Default 共有 40 个特征变量，而测试数据集有 80 900 个样本，同训练数据集一样有 39 个特征变量。

shape_TrainDat	tuple	2	(121856, 40)

图 7-1　汽车贷款违约数据集信息

取 df_train 数据集的前 5 个样本，代码如下。

head_TrainDat = df_train.head() #获取 df_train 数据集的前 5 个样本

执行结果如图 7-2 所示。

索引	ID	Client_Income	Car_Owned	Bike_Owned	Active_Loan	House_Own	Child_Count	Credit_Amount	Loan_Annuity	Accompany_C...
0	12142509	6750	0	0	1	0	0	61190.55	3416.85	Alone
1	12138936	20250	1	0	1	nan	0	15282	1826.55	Alone
2	12181264	18000	0	0	1	0	1	59527.35	2788.2	Alone
3	12188929	15750	0	0	1	1	0	53870.4	2295.45	Alone
4	12133385	33750	1	0	1	0	2	133988.4	3547.35	Alone

图 7-2　汽车贷款违约数据集观测样本

7.2.2　数据清洗

读入汽车贷款违约预测数据通常是不完整的，需要进行数据的清洗。可靠、正确的数据是数据分析结果准确可靠的前提。在进行数据清洗前，需要了解一下训练数据集数据的基本信息，代码如下。

视频 7.2　数据清洗与数据分析微课视频

```
df_train.info()                    #训练数据集信息
```

执行结果如图 7-3 所示。

```
<class 'pandas.core.frame.DataFrame'>          18   Employed_Days            118207 non-null  object
RangeIndex: 121856 entries, 0 to 121855        19   Registration_Days        118242 non-null  object
Data columns (total 40 columns):               20   ID_Days                  115888 non-null  object
 #   Column                 Non-Null Count  Dtype   21   Own_House_Age            41761 non-null   float64
                                                    22   Mobile_Tag               121856 non-null  int64
 0   ID                     121856 non-null int64   23   Homephone_Tag            121856 non-null  int64
 1   Client_Income          118249 non-null object  24   Workphone_Working        121856 non-null  int64
 2   Car_Owned              118275 non-null float64  25   Client_Occupation        80421 non-null   object
 3   Bike_Owned             118232 non-null float64  26   Client_Family_Members    119446 non-null  float64
 4   Active_Loan            118221 non-null float64  27   Cleint_City_Rating       119447 non-null  float64
 5   House_Own              118195 non-null float64  28   Application_Process_Day  119428 non-null  float64
 6   Child_Count            118218 non-null float64  29   Application_Process_Hour 118193 non-null  float64
 7   Credit_Amount          118224 non-null object  30   Client_Permanent_Match_Tag 121856 non-null object
 8   Loan_Annuity           117044 non-null object  31   Client_Contact_Work_Tag  121856 non-null  object
 9   Accompany_Client       120110 non-null object  32   Type_Organization        118247 non-null  object
 10  Client_Income_Type     118155 non-null object  33   Score_Source_1           53021 non-null   float64
 11  Client_Education       118211 non-null object  34   Score_Source_2           116170 non-null  float64
 12  Client_Marital_Status  118383 non-null object  35   Score_Source_3           94936 non-null   object
 13  Client_Gender          119443 non-null object  36   Social_Circle_Default    59928 non-null   float64
 14  Loan_Contract_Type     118205 non-null object  37   Phone_Change             118192 non-null  float64
 15  Client_Housing_Type    118169 non-null object  38   Credit_Bureau            103316 non-null  float64
 16  Population_Region_Relative 116999 non-null object  39   Default              121856 non-null  int64
 17  Age_Days               118256 non-null object  dtypes: float64(15), int64(5), object(20)
                                                    memory usage: 37.2+ MB
```

图 7-3　训练数据集 df_train 的基本信息

从以上执行结果可知，训练数据集的总样本条数是 121 856 条，显然很多属性的变量值存在缺失的情况，需要进行数据的清洗处理。

首先，这里先删除 ID Application_Process_Day Application_Process_Hour 三列的数据，显然它们和需要预测的违约贷款没有必然的关联。代码如下。

```
#要删除的特征列
drop_cols=['ID','Application_Process_Day',
'Application_Process_Hour']
df_train.drop(columns=drop_cols,axis=1,inplace=True)
df_train.info()                    #删除三列后训练数据集的信息
```

执行结果如图 7-4 所示。

```
<class 'pandas.core.frame.DataFrame'>          17   Employed_Days            118207 non-null  object
RangeIndex: 121856 entries, 0 to 121855        18   Registration_Days        118242 non-null  object
Data columns (total 37 columns):               19   ID_Days                  115888 non-null  object
 #   Column                 Non-Null Count  Dtype   20   Own_House_Age            41761 non-null   float64
                                                    21   Mobile_Tag               121856 non-null  int64
 0   Client_Income          118249 non-null object  22   Homephone_Tag            121856 non-null  int64
 1   Car_Owned              118275 non-null float64  23   Workphone_Working        121856 non-null  int64
 2   Bike_Owned             118232 non-null float64  24   Client_Occupation        80421 non-null   object
 3   Active_Loan            118221 non-null float64  25   Client_Family_Members    119446 non-null  float64
 4   House_Own              118195 non-null float64  26   Cleint_City_Rating       119447 non-null  float64
 5   Child_Count            118218 non-null float64  27   Client_Permanent_Match_Tag 121856 non-null object
 6   Credit_Amount          118224 non-null object  28   Client_Contact_Work_Tag  121856 non-null  object
 7   Loan_Annuity           117044 non-null object  29   Type_Organization        118247 non-null  object
 8   Accompany_Client       120110 non-null object  30   Score_Source_1           53021 non-null   float64
 9   Client_Income_Type     118155 non-null object  31   Score_Source_2           116170 non-null  float64
 10  Client_Education       118211 non-null object  32   Score_Source_3           94936 non-null   object
 11  Client_Marital_Status  118383 non-null object  33   Social_Circle_Default    59928 non-null   float64
 12  Client_Gender          119443 non-null object  34   Phone_Change             118192 non-null  float64
 13  Loan_Contract_Type     118205 non-null object  35   Credit_Bureau            103316 non-null  float64
 14  Client_Housing_Type    118169 non-null object  36   Default                  121856 non-null  int64
 15  Population_Region_Relative 116999 non-null object  dtypes: float64(13), int64(4), object(20)
 16  Age_Days               118256 non-null object  memory usage: 34.4+ MB
```

图 7-4　删除无关属性列后的训练数据集 df_train 的基本信息

接下来，将训练集的"Score_Source_3"列中所有'&'字符用空格来替代，然后将所有空格用 NaN 替换，并将该列数据转换为 float 型浮点数据。代码如下。

```
df_train['Score_Source_3']=df_train['Score_Source_3'].str
.replace('&','').replace('',np.nan)
df_train['Score_Source_3']=df_train['Score_Source_3']
.astype(float)
```

执行结果如图 7-5 所示。

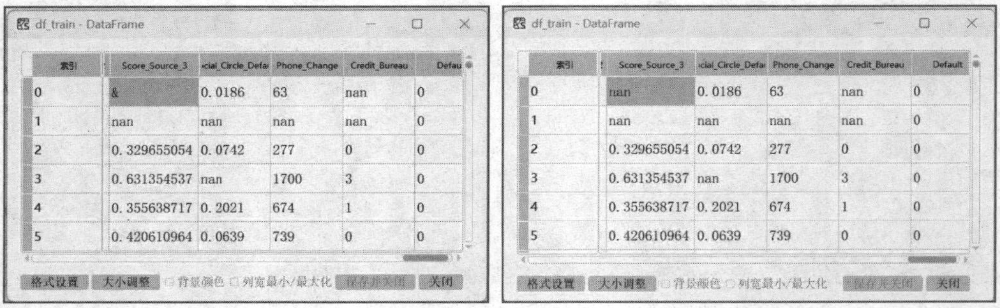

索引	Score_Source_3	cial_Circle_Defa	Phone_Change	Credit_Bureau	Default
0	&	0.0186	63	nan	0
1	nan	nan	nan	nan	0
2	0.329655054	0.0742	277	0	0
3	0.631354537	nan	1700	3	0
4	0.355638717	0.2021	674	1	0
5	0.420610964	0.0639	739	0	0

(a) 未处理前

索引	Score_Source_3	cial_Circle_Defa	Phone_Change	Credit_Bureau	Default
0	nan	0.0186	63	nan	0
1	nan	nan	nan	nan	0
2	0.329655054	0.0742	277	0	0
3	0.631354537	nan	1700	3	0
4	0.355638717	0.2021	674	1	0
5	0.420610964	0.0639	739	0	0

(b) 处理后

图 7-5　处理 df_train 的"Score_Source_3"列中'&'字符前后的情况

同样，将训练数据集和测试数据集中 Client_Income 列和 Credit_Amount 中的"$"符号用空格替换，同时将所有空格用 NaN 替换，并将将该列数据转换为 float 型浮点数据。代码如下。

```
df_train['Client_Income']=df_train['Client_Income'].str
.replace('$','').replace('',np.nan)
df_train['Client_Income']=df_train['Client_Income'].astype(float)
df_train['Credit_Amount']=df_train['Credit_Amount'].str
.replace('$','').replace('',np.nan)
df_train['Credit_Amount']=df_train['Credit_Amount'].astype(float)
```

然后，同样将训练数据集中 Loan_Annuity 列中的"#VALUE!"字符串和"$"符号用空格替换，同时将所有空格用 NaN 替换，并将将该列数据转换为 float 型浮点数据，代码如下。

```
df_train['Loan_Annuity']=df_train['Loan_Annuity'].str
.replace('#VALUE!','').replace('',np.nan)
df_train['Loan_Annuity']=df_train['Loan_Annuity'].str
.replace('$','').replace('',np.nan)
df_train['Loan_Annuity']=df_train['Loan_Annuity'].astype(float)
```

由于各种原因，会导致数据集框 DataFrame 中可能出现重复的数据，在进行数据分析时需要去除重复的数据。这里利用 DataFrame 的 duplicate 函数判断数据集和测试数据集是否有重复数据，代码如下。

```
print('df_train 数据集是否有重复数据:\n',df_train.duplicated())
```

执行结果如图 7-6 所示。

```
df_train数据集是否有重复数据:
0            False
1            False
2            False
3            False
4            False
           ...
121851       False
121852       False
121853       False
121854       False
121855       False
Length: 121856, dtype: bool
```

图 7-6   数据集重复数据的查询结果

从上图可知，两个数据集并没有重复数据的出现。若有重复数据，则可以采用如下所示的方法去除重复数据。

```
df_train[df_train.duplicated()]
```

对于数值列中的非数值的值 NaN 缺失值，可用 fillna 函数采用均值进行 NaN 数据的填充。Fillna 函数可以直接修改 DataFrame 数据框，不需要重新创建新的数据框架，直接设置 inplace=True 即可，代码如下。

```
for col in df_train:
  if df_train[col].dtype in [int,float]:
    mean_val = df_train[col].mean()
    df_train[col].fillna(mean_val,inplace=True)
```

执行结果如图 7-7 所示。

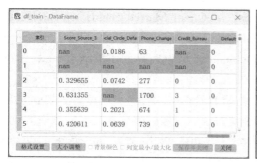

图 7-7   用均值填充缺失值的数据框数据

训练模型需要的数据都是数值数据，这里需要把一些 object'和 Category'类型数据转换成数值数据，这里采用顺序编码 OrdinalEncoder 函数来完成。OrdinalEncoder 函数能够将离散的类别特征转换成由数字代表的类别特征，特征被转换为序数整数，每个特征由一列整数(0 到 n_categories-1)来表示，代码如下。

```
OrEnc=OrdinalEncoder()
for col in df_train:
  if df_train[col].dtype in [object,'category']:
    df_train[col]=OrEnc.fit_transform(df_train[col].astype(str)
.values.reshape(-1,1))
  else:
    continue
```

执行结果如图 7-8 所示。

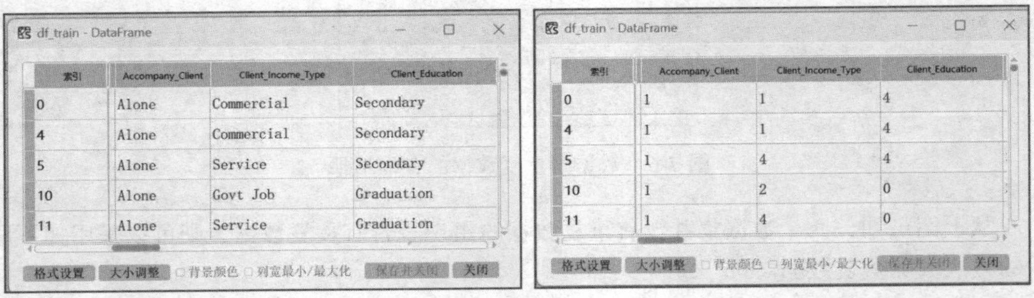

df_train - DataFrame

索引	Accompany_Client	Client_Income_Type	Client_Education
0	Alone	Commercial	Secondary
4	Alone	Commercial	Secondary
5	Alone	Service	Secondary
10	Alone	Govt Job	Graduation
11	Alone	Service	Graduation

df_train - DataFrame

索引	Accompany_Client	Client_Income_Type	Client_Education
0	1	1	4
4	1	1	4
5	1	4	4
10	1	2	0
11	1	4	0

图 7-8 训练数据集中 object 和 category 型数据转换前后对比图

7.2.3 数据分析

1. 描述性统计分析

数据经过清洗后，接下来要对数据进行描述性分析，研究数据的变量特征以及数据之间的相关特性。7.2.1 节的“表 7-1”给出了数据集变量的基本描述，这里再进一步分析变量的类型等信息。

- 分类型变量：Car_Owned、Bike_Owned、Active_Loan、House_Owned、Accompany_Client、Client_Incom_Type、Client_Education、Client_Martial_Status、Client_Gender、Loan_Contract_Type、Client_Housing_Type、Mobile_Tag、Homephone_Tag、Workphone_Working、Client_Occupaation、Client_Permanent_Match_Tag、Client_Contact_Work_Tag、Type_Organization、Default
- 数值型变量：Client_Income、Child_Count、Credit_Amount、Loan_Annuity、Population_Region_Relative、Age_Days、Employed_Days、Registration_Days、ID_Days、Own_House_Age、Client_Family_Members、Client_City_Rating、Application_Process_Day、Application_Process_Hour、Score_Source_1、Score_Source_2、Score_Source_3、Social_Circle_Default、Phone_Change、Credit_Bureau、

分类型变量和数值型变量是汽车贷款违约预测数据集的主要变量类型，下列代码为训练数据集中数据的统计信息：

```
des=df_train.describe().T
```

执行结果如图 7-9 所示。

(a) 前 18 个特征数据的统计值

索引	count	mean	std	min	25%	50%	75%	max
Client_Income	54025	17410.7	9658.76	2700	11700	16855.2	20250	450000
Car_Owned	54025	0.381705	0.478714	0	0	0	1	1
Bike_Owned	54025	0.329322	0.462848	0	0	0	1	1
Active_Loan	54025	0.497189	0.492358	0	0	0.499175	1	1
House_Own	54025	0.67948	0.459822	0	0	1	1	1
Child_Count	54025	0.50101	0.757221	0	0	0	1	14
Credit_Amount	54025	60348.1	23031.5	4500	59948.7	59948.7	59948.7	405000
Loan_Annuity	54025	2779.06	1305.36	218.7	2002.5	2722.19	3199.5	22500
Accompany_Client	54025	1.82928	1.78606	0	1	1	1	6
Client_Income_Type	54025	2.98634	1.35905	0	1	4	4	5
Client_Education	54025	2.84004	1.77216	0	0	4	4	4
Client_Marital_Status	54025	1.14075	0.54648	0	1	1	1	3
Client_Gender	54025	0.612439	0.487236	0	0	1	1	2
Loan_Contract_Type	54025	0.100472	0.300631	0	0	0	0	1
Client_Housing_Type	54025	1.06693	0.598816	0	1	1	1	5
Population_Region_Relative	54025	57.4609	19.9742	0	46	64	74	82
Age_Days	54025	7376.85	4595.41	0	3575	6934	10828	16763
Employed_Days	54025	4625.8	3000.45	0	2118	4034	6992	10689

(b) 后 18 个特征数据的统计值

索引	count	mean	std	min	25%	50%	75%	max
Registration_Days	54025	7308.93	3792.69	0	4297	7197	10425	14421
ID_Days	54025	3943.9	2228.69	0	2044	4053	5667	8112
Own_House_Age	54025	12.147	7.45212	0	12.1573	12.1573	12.1573	69
Mobile_Tag	54025	1	0	1	1	1	1	1
Homephone_Tag	54025	0.247034	0.431291	0	0	0	0	1
Workphone_Working	54025	0.278075	0.448055	0	0	0	1	1
Client_Occupation	54025	7.86158	4.40985	0	4	8	11	17
Client_Family_Members	54025	2.26021	0.934577	1	2	2	3	15
Cleint_City_Rating	54025	2.02292	0.498807	1	2	2	2	3
Client_Permanent_Match_Tag	54025	0.912263	0.282915	0	1	1	1	1
Client_Contact_Work_Tag	54025	0.782249	0.412721	0	1	1	1	1
Type_Organization	54025	24.0699	17.6354	0	5	28	42	56
Score_Source_1	54025	0.490915	0.142389	0.0145681	0.49281	0.501213	0.501213	0.94268
Score_Source_2	54025	0.522771	0.875945	5e-06	0.407054	0.554789	0.659141	100
Score_Source_3	54025	0.509869	0.0886162	0.000527265	0.511586	0.511586	0.511586	0.893976
Social_Circle_Default	54025	0.117734	0.0761797	0	0.0918	0.117428	0.117428	1
Phone_Change	54025	975.491	818.142	0	302	810	1563	4185
Credit_Bureau	54025	1.86494	1.68584	0	1	1.89108	2	22

图 7-9　训练数据集中数据的统计信息

从统计信息中每个特征的有效样本数量、样本的标准差、样本最大最小值以及均值、排序在四分之一、二分之一和四分之三的分位数，可以看到每个特征的样本数据的差异性和变化趋势。

2. 交叉分析

进一步对变量贷款违约预测的结果变量 Default 与其他特征变量的进行交叉分析，这里先分析 Default 和 Credit_Amount 之间的关系，代码如下。

```
print(df_train[['Default','Credit_Amount']]
.groupby(['Credit_Amount'],as_index=False).mean()
.sort_values(by='Default',ascending=False))
```

执行结果如图 7-10 所示。

	Credit_Amount	Default
958	55700.55	1.0
1830	116249.85	1.0
736	45007.20	1.0
582	37063.80	1.0
1633	99883.80	1.0
...	...	...
902	53126.55	0.0
901	53100.00	0.0
900	52939.80	0.0
899	52934.85	0.0
2238	405000.00	0.0

[2239 rows x 2 columns]

图 7-10 Default 和 Credit_Amount 交叉分析

同样，可以同时分析 Default 变量与变量 Loan_Annuity 和 Employed_Days 两个变量之间的关系，代码如下。

```
print(df_train[['Default','Loan_Annuity','Employed_Days']]
.groupby(['Loan_Annuity','Employed_Days'],as_index=False).mean()
.sort_values(by='Default',ascending=False))
```

执行结果如图 7-11 所示。

	Loan_Annuity	Employed_Days	Default
18459	2515.95	6082.0	1.0
39068	4022.10	3968.0	1.0
29255	2840.85	1363.0	1.0
39416	4076.10	6370.0	1.0
6905	1462.05	10257.0	1.0
...	...	...	...
15858	2281.05	7559.0	0.0
15859	2281.05	9307.0	0.0
15860	2281.95	2165.0	0.0
15861	2281.95	5659.0	0.0
45793	22500.00	9011.0	0.0

[45794 rows x 3 columns]

图 7-11 Default 和 Loan_Annuity 和 Employed_Days 交叉分析

3. 数据可视化分析

除了对数据进行统计描述性分析和交叉性分析外，还可以通过可视化的方式分析数据特征变量的分布情况。

首先，可视化分析 Creadit_Amount 变量与 Default 的关系的直方图，代码如下。

```
CreAmount = sns.FacetGrid(df_train,col='Default')
CreAmount.map(plt.hist,'Credit_Amount',bins=10)
```

执行结果如图 7-12 所示。

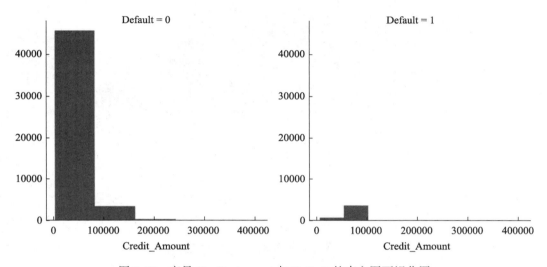

图 7-12　变量 Credit_Amount 与 Default 的直方图可视化图

从以上执行结果可知，信用卡贷款额度在 5 万~10 万的人里贷款违约率较高，5 万以下的违约率较低。

如果希望分析训练数据集每个特征变量之间的相关性，可以采用热力图的形式进行展示，代码如下。

```
plt.figure(figsize=(26,16))
corr = df_train.corr()
mask = np.triu(np.ones_like(corr,dtype=bool))
sns.heatmap(corr,mask=mask,cmap='jet')
plt.show()
```

执行结果如图 7-13 所示。

从以上执行结果可知 37 个特征变量之间的相关性的强弱热力图，同时可以发现违约率变量 Default 与 House_Own、Client_Education、Own_House_Age、Client_Occupation、Client_City_Rating 的相关性较高。

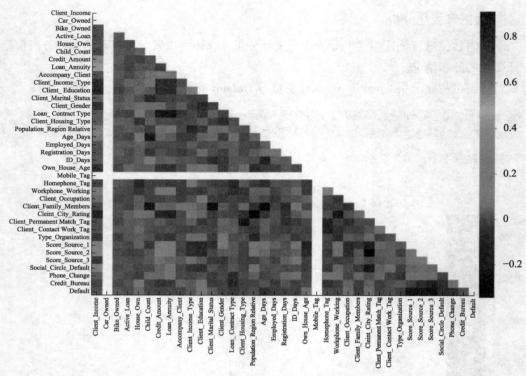

图 7-13　训练数据集 37 个特征变量的相关性热力图

7.3　预测模型构建与评估

7.3.1　预测模型构建

经过数据的导入、清洗和分析之后，再对数据进行训练集和验证集划分、归一化处理，然后构建一个逻辑回归模型 logreg，并通过该模型预测客户贷款违约的可能性。代码如下。

视频 7.3　模型构建与模型评估微课视频

```python
# 拷贝一个新的训练集
dftrain= df_train

# 分离特征列和结果列数据
x = dftrain.drop('Default',axis=1)          #删除结果列数据
y = dftrain['Default']                       #提取结果列数据

# 按照 70% 的训练集和 30% 的验证集来划分 dftrain 数据集
x_train,x_test,y_train,y_test  =  train_test_split(x,y,test_size=0.3,
random_state=42)

# 随机过采样样本量少的类来平衡数据的类别样本
ROS = RandomOverSampler(sampling_strategy='minority', random_state=42)
```

```
x_train_resampled,y_train_resampled = ROS.fit_resample(x_train, y_train)
# 归一化训练数据集和测试数据集
SS = StandardScaler()
x_train_trans= SS.fit_transform(x_train_resampled)
x_test_trans = SS.fit_transform(x_test)


# 采用逻辑回归模型预测贷款违约结果
logreg = linear_model.LogisticRegression()
logreg.fit(x_train_trans,y_train_resampled)
y_pred = logreg.predict(x_test_trans)
```

7.3.3 模型评估

模型训练完成后，需要对新建立的模型进行模型评估，以确定新建的模型是否达到了要求。首先，打印出新建的逻辑回归模型对于训练集上的准确率，代码如下。

```
acc_train=round(logreg.score(x_train_trans,
y_train_resampled)*100, 2)
print("====    训练集上的模型准确率 ======")
print("acc_train =%.2f"%acc_train)
```

运行代码，结果如图 7-14 所示。

```
====    训练集上的模型准确率 =====
acc_train = 64.53
```

图 7-14   新建逻辑回归模型在训练集上的准确率

其次，输出新建模型在测试数据集上的性能测试结果，并采用输出模型评估报告模块 classification_report 中混淆矩阵方法分析分类模型预测结果，用矩阵图形的热力图展示预测结果的矩阵分布，代码如下。

```
print("====    模型性能测试 ======")
CR = classification_report(y_test,y_pred)
print(CR)


fig3 = plt.figure()
cm = confusion_matrix(y_test,y_pred)
sns.heatmap(cm,annot=True,cmap='Blues')
```

执行结果如图 7-15 和图 7-16 所示。

```
====    模型性能测试 ======
              precision   recall  f1-score   support

           0       0.96     0.54      0.69     14803
           1       0.13     0.75      0.23      1405

    accuracy                          0.56     16208
   macro avg       0.55     0.64      0.46     16208
weighted avg       0.89     0.56      0.65     16208
```

图 7-15   新建逻辑回归模型在测试集上的性能

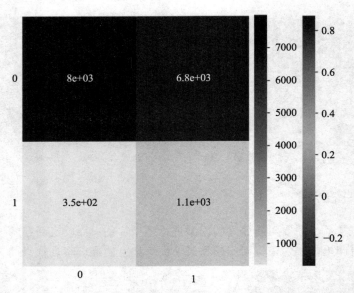

图 7-16　新建逻辑回归模型在测试集上的矩阵热力图

7.4　预测可视化

首先查看原始数据中客户违约率，代码如下。

```
fig4 = plt.figure()
df_train['Default'].value_counts().plot.pie(autopct='%.2f',figsize=
(6,6))
```

执行结果如图 7-17 所示。

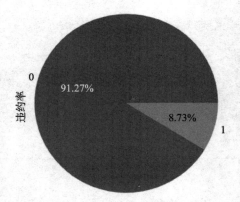

图 7-17　训练集上违约率百分占比

从上图可知，该训练数集中汽车贷款违约率为 91.27%，说明汽车贷款的违约率普遍较高。

采用逻辑回归模型进行汽车贷款违约率预测，这里，采用 ROC 曲线对预测过程进行可视化展示。ROC 的全称是"受试者工作特征"（receiver operating characteristic）曲线，首先是由"二战"中的电子工程师和雷达工程师发明的，用来侦测战场上的敌军载具（飞机、船舰），也就是信号检测理论。之后很快就被引入心理学进行信号的知觉检测。此后被引入机器学习领域，用来评判分类、检测结果的好坏。因此，ROC 曲线是非常重要和常见的统计分析方法。根据分类器的预测结果对样例进行排序，按此顺序逐个把样本作为正例进行预测，每次计算出两个重要量的值（TPR、FPR），分别以它们为横、纵坐标作图。ROC 曲线下的面积称为 AUC（area under curve），介于 0.1 和 1 之间，作为数值可以直观地评价分类器的好坏，值越大越好，ROC 运用的代码如下。

```
probs = logreg.predict(x_test_trans)
fpr,tpr,threshold = roc_curve(y_test,y_pred)
roc_auc = auc(fpr,tpr)
fig = plt.figure(figsize=(10,6),facecolor='lightskyblue')
plt.plot(fpr,tpr,'b',label='AUC==%0.2f'%roc_auc)
plt.plot([0,1],[0,1],'r--')
plt.xlim([0,1])
plt.ylim([0,1])
plt.ylabel('True Positive Rate(TPR)')
plt.xlabel('False Positive Rate(FPR)')
plt.title('Receiver Operating Characteristic(ROC)')
plt.legend(loc='lower right')
plt.show()
```

执行结果如图 7-18 所示。

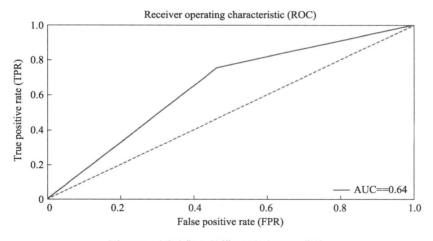

图 7-18   测试集上的模型预测 ROC 曲线

从上图可知，模型的 AUC 等于 0.64，模型预测的基本符合设计要求。

本 章 小 结

本章作为 Python 数据分析与挖掘的综合应用章节，首先对汽车贷款违约预测进行了需求分析，同时对来自于 Kaggle 数据集汽车贷款违约数据集的 40 个特征变量进行了说明。对于导入的 Train_Dataset.csv 文件进行了异常值处理、缺失值处理、数据去重处理、无关数据列剔除处理、类型样本数量平衡处理、样本数据归一化处理等数据清洗，其次对处理后的数据集再进行了统计分析、交叉分析和可视化分析。最后利用划分出的训练数据和测试数据进行模型构建，最后采用热力图、饼状图和 ROC 曲线对构建起的逻辑回归预测模型进行了模型评估和预测可视化展示。

## 第8章

航空公司客户价值分析

随着中国民用航空市场管制环境的逐步放松，航空产品生产相对过剩，产品和服务同质化现象日趋明显，航空运输市场竞争日趋加剧，航空公司已经从价格、服务间的竞争逐渐转向对客户的竞争。企业开始以客户为中心来展开生产与营销，通过现代信息技术手段，对客户进行分类，针对不同客户制定个性化服务方案，采取不同的营销策略，提供客户满意的产品和服务。对航空公司来说，对旅客的管理基本上是仅仅基于累计飞行里程数把旅客划分为普通卡会员、银卡会员、金卡会员，从而实施不同的旅行优惠手段。显然这没有利用数据中的其他信息，导致对客户了解不足。在这种情况下，航空公司可以针对旅客的飞行起始地点、票价等级、乘机次数，最近乘机时间等，借助聚类分析的数据挖掘手段，把客户分为不同的类别。再针对不同特点的客户群体，实施差异性、高效率的营销策略和个性化的客户服务。

现有某航空公司积累的大量的会员档案信息和其乘坐航班记录，部分数据信息如表 8-1、表 8-2、表 8-3 所示。

表 8-1 客户基本特征

	特 征 名 称	特 征 说 明
客户基本信息	MEMBER_NO	会员卡号
	FFP_DATE	入会时间
	FIRST_FLIGHT_DATE	第一次飞行日期
	GENDER	性别
	FFP_TIER	会员卡级别
	WORK_CITY	工作地城市
	WORK_PROVINCE	工作地所在省份
	WORK_COUNTRY	工作地所在国家
	AGE	年龄

表 8-2 乘机信息

	特 征 名 称	特 征 说 明
乘机信息	FLIGHT_COUNT	观测窗口内的飞行次数
	LOAD_TIME	观测窗口的结束时间
	LAST_TO_END	最后一次乘机时间至观测窗口结束时长
	AVG_DISCOUNT	平均折扣率
	SUM_YR	观测窗口的票价收入
	SEG_KM_SUM	观测窗口的总飞行公里数
	LAST_FLIGHT_DATE	末次飞行日期
	AVG_INTERVAL	平均乘机时间间隔
	MAX_INTERVAL	最大乘机间隔

表 8-3　积分信息

特 征 名 称	特 征 说 明
EXCHANGE_COUNT	积分兑换次数
EP_SUM	总精英积分
PROMOPTIVE_SUM	促销积分
PARTNER_SUM	合作伙伴积分
POINTS_SUM	总累计积分
POINT_NOTFLIGHT	非乘机的积分变动次数
BP_SUM	总基本积分

注：积分信息列合并说明上述所有特征名称。

现根据这些数据实现以下目标。

（1）借助航空公司客户数据，对客户进行分类。

（2）对不同的客户类别进行特征分析，比较不同类客户的客户价值。

8.1　需求分析与数据加载

1. 需求分析

本案例的目标是通过航空公司客户数据识别客户不同价值。识别客户价值应用最广泛的模型是通过 3 个指标即最近消费时间间隔（recency）、消费频率（frequency）和消费金额（monetary）来细分客户，简称 RFM 模型。

在 RFM 模型中，消费金额表示在一段时间内，客户购买该企业产品金额的总和。但航空票价受到运输距离、舱位等级等多种因素影响，同样的消费金额的不同旅客对航空公司的价值是不同的。因此这个指标并不适用航空公司的客户价值分析。所以可以选择客户在一定时间内累积的飞行里程 M 和客户在一定时间内乘坐舱位所对应的折扣系数的平均值 C 两个指标代替消费金额。此外，考虑航空公司会员入会时间的长短在一定程度上能够影响客户价值，在模型中增加客户关系长度 L，作为区分客户的另一个指标。本案例将客户关系长度 L、消费时间间隔 R、消费频率 F、飞行里程数 M 和折扣系数的平均值 C 5 个指标作为航空公司识别客户价值指标，记为 LRFMC 模型。具体如表 8-4 所示。通过对航空公司客户价值的 LRFMC 模型的 5 个指标进行 K 均值聚类，识别出最优价值的客户。

视频 8.1　需求分析与数据读取微课视频

表 8-4　LRFMC 模型指标

模型	L	R	F	M	C
航空公司	会员入会时间距观测窗口结束的月数	客户最近一次乘坐公司飞机距观测窗口结束的月数	客户在观测窗口内乘坐公司飞机的次数	客户在观测窗口内累计的飞行里程	客户在观测窗口内乘坐舱位所对应的折扣系数的平均值

2. 客户数据加载

通过 Pandas 包的将客户数据导入到 Python 中，代码如下。

```python
# 导入数据处理库 pandas
import pandas as pd
# 导入科学计算库 numpy
import numpy as np
# 载入数据，使用 pandas 的 read_csv 读取 csv 文件
data = pd.read_csv("air_data.csv", encoding="ansi")
```

执行结果如图 8-1 所示。

Index	MEMBER_NO	FFP_DATE	ST_FLIGHT_DA	GENDER	FFP_TIER	WORK_CITY	WORK_PROVINCE
0	54993	2006/11/2	2008/12/24	男	6	.	北京
1	28065	2007/2/19	2007/8/3	男	6	nan	北京
2	55106	2007/2/1	2007/8/30	男	6	.	北京
3	21189	2008/8/22	2008/8/23	男	5	Los Angeles	CA
4	39546	2009/4/10	2009/4/15	男	6	贵阳	贵州
5	56972	2008/2/10	2009/9/29	男	6	广州	广东
6	44924	2006/3/22	2006/3/29	男	6	乌鲁木齐市	新疆
7	22631	2010/4/9	2010/4/9	女	6	温州市	浙江
8	32197	2011/6/7	2011/7/1	男	5	DRANCY	nan
9	31645	2010/7/5	2010/7/5	女	6	温州	浙江
10	58877	2010/11/18	2010/11/20	女	6	PARIS	PARIS
11	37994	2004/11/13	2004/12/2	男	6	北京	.

图 8-1　航空公司部分客户数据

8.2　数据预处理

　　航空公司客户原始数据存在少量的缺失值和异常值，需要清洗后才能用于分析。由于原始数据的特征过多，不便直接用于客户价值分析，因此需要对特征进行筛选，挑选出衡量客户价值的关键特征。

8.2.1　缺失值与异常值处理

　　通过对数据观察发现原始数据中存在票价为空值、票价最小值为 0、折扣率最小值为 0，总飞行千米数大于 0 的记录。票价为空值的数据可能是由于不

视频 8.2　数据预处理微课视频

存在乘机记录造成的。其他的数据可能是由于客户乘坐 0 折机票或者积分兑换造成的。由于原始数据量大，这类数所占比例较小，对问题影响不大，因此对其进行丢弃处理。具体处理方法如下。

（1）删除票价为空的记录。

（2）删除票价为 0、平均折扣率为 0、总飞行千米数为 0 的记录。

缺失值与异常值处理代码如下所示。

```python
'''处理数据缺失值与异常值'''
#寻找第一年和第二年票价为空的数据量
sum_na1 = data['SUM_YR_1'].isnull().sum()
sum_na2 = data['SUM_YR_2'].isnull().sum()
#取第一年和第二年票价均不为空的数据
hk1 = pd.notnull(data['SUM_YR_1'])
hk2 = pd.notnull(data['SUM_YR_2'])
hk = hk1 & hk2
air_data=data.loc[hk,:]
# 保留对航空公司有价值的数据：票价>0，同时折扣>0 以及飞行历程>0
# 票价>0
hk3 = air_data['SUM_YR_1']>0
hk4 = air_data['SUM_YR_2']>0
#折扣>0
hk5 = air_data['avg_discount']>0
#飞行里程>0
hk6 = air_data['SEG_KM_SUM']>0
hk = (hk3 | hk4) & hk5 & hk6
air_data = air_data.loc[hk,:]
```

Name	Type	Size	Value
air_data	DataFrame	(62044, 44)	Column names: MEMBER_NO, FFP_DATE, FIRST_FLIGHT_DATE, GENDER, FFP_TIER ...
air_features	DataFrame	(62044, 5)	Column names: L, R, F, M, C
air_selection	DataFrame	(62044, 6)	Column names: FFP_DATE, LOAD_TIME, FLIGHT_COUNT, LAST_TO_END, avg_disc ...
angle	Array of float64	(6,)	[0.　　　　1.25663706 2.51327412 3.76991118 5.02654825 0.　　　]
c_centers	Array of float64	(5, 5)	[[1.16094184e+00 -8.66355853e-02 -3.774383… -9 ...
c_labels	Array of int32	(62044,)	[1 1 1 ... 4 3 3]
cc_centers	Array of float64	(5, 6)	[[1.16094184e+00 -8.66355853e-02 -3.774383… -9 ...
cluster_center	DataFrame	(5, 5)	Column names: L, R, F, M, C
count_label	DataFrame	(5, 2)	Column names: label, count
data	DataFrame	(62988, 44)	Column names: MEMBER_NO, FFP_DATE, FIRST_FLIGHT_DATE, GENDER, FFP_TIER ...
			[[1.43571897 14.03412875 -0.94495516 1.29…

图 8-2　原始数据与数据处理后的大小比较

8.2.2　特征选择与提取

根据航空公司客户价值 LRFMC 模型,选择与 LRFMC 特征相关的 6 个特征 FFP DATE、LOAD TIME、FLIGHT COUNT、AVG DISCOUNT、SEG KM SUM、LAST TO END。删除与其不相关、弱相关或冗余的特征,例如会员卡号、性别、工作地城市、工作地所在国家、年龄等特征。

由于原始数据中并没有直接给出 LRFMC 模型的 5 个特征,需要通过原始数据提取这 5 个特征。

（1）会员入会时间距观测窗口结束的月数 L = 观测窗口的结束时间 − 入会时间（单位月）,如下所示:

$$L = LOAD\ TIME - FFP\ DATE$$

（2）客户最近一次乘坐公司飞机距观测窗口结束的月数 R = 最后一次乘机时间至观察窗口末端时长（单位：月）,如下所示:

$$R = RELAST\ TO\ END$$

（3）客户在观测窗口内飞行里程 F = （某段时间消费次数）,如下所示:

$$F = FLIGHT - COUNT$$

（4）客户在观测窗口内飞行里程 M = 观测窗口总飞行千米数（单位：千米）,如下所示:

$$M = SEG\_KM\_SUM$$

（5）客户在观测窗口乘坐舱位对应的折扣系数的平均值 C = 平均折扣率（单位：无）,如下所示:

$$C = AVG\_DISCOUNT$$

8.2.3　数据标准化

完成以上 5 个特征的构建以后,对每个特征数据分布情况进行分析可以发现,5 个特征的取值范围数据差异较大。为了消除数量级数据带来的影响,需要对数据做标准化处理。具体特征构建以及标准化处理代码如下所示。

```
#客户价值数据分析——构建关键特征
#选取需求特征
air_selection = air_data[['FFP_DATE','LOAD_TIME','FLIGHT_COUNT','LAST_TO_END','avg_discount','SEG_KM_SUM']]
#构建 L 特征
L=pd.to_datetime(air_selection['LOAD_TIME'])-pd.to_datetime(air_selection['FFP_DATE'])
L = L.astype('str').str.split().str[0]
L = L.astype('int')/30
#合并特征
air_features = pd.concat([L,air_selection.iloc[:,2:]],axis=1)
#对关键特征数据进行标准化处理
from sklearn.preprocessing import StandardScaler
```

```
data1 = StandardScaler()
data1.fit(air_features)
data1 = data1.transform(air_features)
```

执行结果如图 8-3 所示。

data1 - NumPy object array					
	0	1	2	3	4
0	1.43572	14.0341	-0.944955	1.29555	26.7614
1	1.30716	9.07329	-0.911902	2.8682	13.127
2	1.32839	8.71894	-0.889866	2.88097	12.6536
3	0.658481	0.781591	-0.416102	1.99473	12.5407
4	0.386035	9.92372	-0.92292	1.34435	13.8988
5	0.887288	5.67156	-0.515262	1.3283	13.1701
6	1.70109	6.30939	-0.944955	1.31561	12.8118
7	-0.0432742	4.32505	-0.933937	1.29788	12.8207
8	-0.543348	3.12027	-0.917411	0.575107	14.448
9	-0.145884	3.68723	-0.867831	-0.0766642	16.9933
10	-0.306285	2.19897	-0.829268	1.44173	11.6229

图 8-3   标准化后的部分数据

8.3   数据 K-均值聚类

采用 K-均值聚类算法对客户数据进行客户分群，聚成 5 类（根据业务的理解与分析来确定客户的类别数量），即 K=5。具体实现代码如下所示。

视频 8.3   客户数据 K-均值聚类微课视频

```
#使用 K-均值算法进行客户聚类
from sklearn.cluster import KMeans
model=KMeans(n_clusters=5,random_state=123,max_iter=500)
#模型训练
model.fit(data1)
# 获取聚类中心
c_centers = model.cluster_centers_
# 加上列名
cluster_center = pd.DataFrame(model.cluster_centers_,\
          columns = ['L','R','F','M','C'])
# 获取个样本对应的类别
c_labels = model.labels_
# 计算每个簇的个数
count_label=pd.Series(c_labels).value_counts().to_frame().reset_inde
x()
```

```
# 加上列名
count_label.columns=['label','count']
```

由以上代码执行结果可见，聚簇中心向量如图 8-4 所示，对应每个簇的个数如图 8-5 所示。

Index	I	R	F	M	C
0	1.16094	-0.0866356	-0.377438	-0.156893	-0.094542
1	0.483552	2.48315	-0.799413	0.309787	2.42426
2	0.0407522	-0.232408	-0.00232994	2.169	-0.236768
3	-0.313072	-0.57391	1.68708	-0.175467	-0.536725
4	-0.700318	-0.160627	-0.415128	-0.258204	-0.160331

图 8-4　聚簇中心

Index	label	count
0	4	24611
1	0	15730
2	3	12111
3	1	5337
4	2	4255

图 8-5　聚类结果

8.4　价值分析可视化

针对聚类结果进行客户价值特征可视化分析，具体代码如下所示。

视频 8.4　客户价值分析可视化微课视频

```
# 导入绘图包
from matplotlib import pyplot as plt
plt.figure()
#支持中文，支持负号
plt.rcParams['font.sans-serif']='SimHei'
plt.rcParams['axes.unicode_minus']=False
#绘制雷达图
datalength = 5
#构建角度，从 0-2π 生成 5 个元素的等差数组
angle=np.linspace(0,2*np.pi,datalength,endpoint=False)
```

```
#闭合角度
angle=np.concatenate((angle,[angle[0]]),axis=0)
#闭合数据
cc_centers=np.concatenate((c_centers,c_centers[:,0:1]),axis=1)
#绘制雷达图
for i in range(cc_centers.shape[0]):
    plt.polar(angle,cc_centers[i,:])
plt.title('航空公司客户聚类结果')
plt.xticks(angle[:-1],['L','R','F','M','C'])
plt.legend(['第一类客户','第二类客户','第三类客户','第四类客户','第五类客户'],loc=4)
plt.show()
```

执行结果如图 8-6 所示。

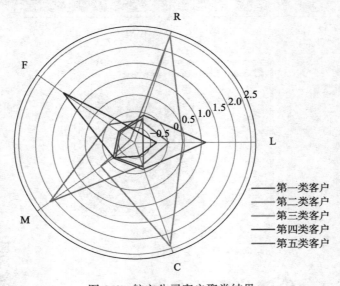

图 8-6　航空公司客户聚类结果

结合业务分析，通过比较各个群在不同的特征上的大小来对群的特征进行评价分析。例如客户群 1 在 F、M 属性最大，在 R 属性上最小，因此可以说 F、M、R 是客户群的优势特征。依次类推，从而总结各个群的优势、劣势特征，具体结果如表 8-5 所示。

表 8-5　各个群的优劣势特征

聚　　簇	优势特征	劣势特征
客户群 1	L	F
客户群 2	C	R、F
客户群 3	M、R	C
客户群 4	F	C、R
客户群 5		L、M

根据上述特征分析说明每个客户群都有着显著不同的表现特征，基于该特征描述，本案例将这 5 个客户群定义为重要保持客户、重要发展客户、重要挽留客户、一般客户、低价值客户。对不同客户群的价值分析及针对性营销策略如下。

（1）重要保持客户：这类客户的平均折扣率（C）较高（舱位等级较高），最近乘坐过本公司航班（R）低，乘坐次数（F）或里程（M）较高。他们是航空公司的高价值客户，所占比例小。公司应该优先将资源投放到他们身上，对他们进行差异化管理，提高这类客户的满意度。

（2）重要发展客户：这类客户的平均折扣率（C）较高，最近乘坐过本公司航班（R）低，乘坐次数（F）或里程（M）较低，这类客户入会时长（L）短。他们是航空公司的潜在高价值客户。这类客户机票票价高，不在意折扣率，最近有乘机记录。公司应努力增加这类客户的满意程度，使他们逐渐成为公司的忠诚客户。

（3）重要挽留客户：这类客户过去的平均折扣率（C）、乘坐次数（F）或里程（M）较高，但是较长时间没有乘坐过本公司的航班（R）高或是乘坐频率变小。他们的客户价值变化不确定性很高。这类客户里程高，但是较长时间没有乘机，可能处于流失状态。公司应加强与此类客户的互动，采取一定的营销手段来延长客户的生命周期。

（4）一般与低价值客户：这类客户的平均折扣率（C）很低、较长时间没有乘坐过本公司航班（R）高、乘坐次数（F）或里程（M）较低，入会时间（L）短。这类客户一般是公司机票打折促销时才会乘坐。

其中重要发展客户、重要保持客户、重要挽留客户可归为客户生命周期的发展期、稳定期、衰退期 3 个阶段。

根据每种客户类型的特征，对各类客户群进行客户价值排名，如表 8-6 所示。

表 8-6 客户群价值排名

客户群	排名	客户群含义
客户群 1	1	重要保持客户
客户群 3	2	重要保持客户
客户群 2	3	重要发展客户
客户群 4	4	一般客户
客户群 5	5	一般客户

本 章 小 结

本章主要针对航空公司客户数据进行客户价值分析综合应用。从需求分析开始，对客户数据进行读取和缺失值与异常值处理、特征提取及构建、标准化等数据预处理，然后利用 K-均值聚类算法进行聚类分析，最后将客户按价值聚成 5 类，并对每类客户群的价值进行分析，提出针对性建议。

## 第9章

吉利汽车用户在线评论数据分析

当前，"用户至上"的经营理念已被众多企业广泛认可。"用户至上"强调企业在设计产品、提供服务的过程中始终以用户为中心，以能够让用户感到满意成为生产和经营的核心追求。而随着用户的消费观念和消费行为不断变化，用户需求逐渐变得更加多样化和个性化。

随着互联网，尤其是移动互联网的快速发展，借助互联网平台的匿名性、交互性、个性化等特点，越来越多的用户倾向于在网络社区或电子商务网站上浏览和发布评论，以达到产品信息交流和购物体验分享的目的。同时，在线评论中蕴藏着有关产品和服务质量、用户情感态度等丰富的信息，目前成为网络环境下用户需求获取的重要来源，逐渐成为企业和电子商务平台所关注的焦点。

9.1 需 求 分 析

视频 9.1 需求分析微课视频

目前，我国汽车消费需求依然比较旺盛。消费者购车前通过互联网搜索汽车资讯、查看用户评论以及直播看车成为了解汽车性能的主要方法。汽车企业能够根据互联网评论数据分析包括自身以及竞品车型在内的各类汽车产品体验反馈，了解汽车潜在用户的需求，并且借助定量定性数据优化产品设计与服务体系。

吉利汽车成立于 1986 年，是中国民营汽车头部车企之一。近些年，吉利汽车在新能源、智能化、国际化、高端化方面取得了显著进展。以"中国星"系列为代表的高价值汽车产品，持续带动吉利实现品牌和价值向上的目标。

对吉利星越 L 汽车用户在线评论数据进行分析的目标主要聚焦以下 3 个方面：一是对原始评论数据进行处理；二是对处理后的数据进行可视化分析和关键词共现分析；三是在以上目标实现基础上，挖掘该款汽车用户关注点和潜在需求，为产品迭代更新提出针对性建议。

本案例对在线评论数据的分析按照需求分析、数据加载与预处理、词云图可视化分析、关键词共现分析的基本思路进行，如图 9-1 所示。

```
          需求分析
             ↓
          数据加载
             ↓
┌ ─ ─ ─ ─ ─ ─ ─ ─ ┐
          简单预处理
数据              ↓
预         中文分词
处              ↓
理         去停用词
└ ─ ─ ─ ─ ─ ─ ─ ─ ┘
     ↓              ↓
词云图可视化分析   关键词共现分析
```

图 9-1 案例实现思路

9.2 数据加载与预处理

首先将在线评论原始数据读取到 Python 中，由于原始数据存在一些重复评论、换行符、空格等异常数据，影响后续的数据分析的客观性和准确性，因此有必要对原始数据进行预处理，主要包括数据读取、简单预处理、中文分词、去停用词等内容。

9.2.1 数据加载

本案例所需的在线评论原始数据存放于 Excel 文件 comments.xlsx 中。首先利用 Pandas 包的 read_excel()函数读取数据，代码如下。

视频 9.2 数据预处理微课视频

```
##数据读取
import pandas as pd
data=pd.read_excel('comments.xlsx')
```

执行结果如图 9-2 所示。

图 9-2 执行结果

9.2.2 简单预处理

通过对读入数据的观察可以发现，原始评论数据中存在重复评论、较多的数字、字母、符号以及表情等，因此需要进行去除重复值、去除部分无效词等简单预处理，代码如下。

```
##简单预处理
#检查"评论内容"列是否有重复值
boolean = data['评论内容'].duplicated().any()
#删除"评论内容"列重复值
```

```
comments=data.drop_duplicates(subset=('评论内容'))
comments=comments.iloc[:,1:]
#检查"评论内容"列是否有空值
comments.shape
comments.info()
#去除部分无效词
import re
washinfo=re.compile('[0-9a-zA-Z]| |\n|吉利|星越|汽车|提车|车')
comments['评论内容']=comments['评论内容'].apply(lambda x : washinfo.
sub('',x))
```

执行结果如图 9-3 所示。

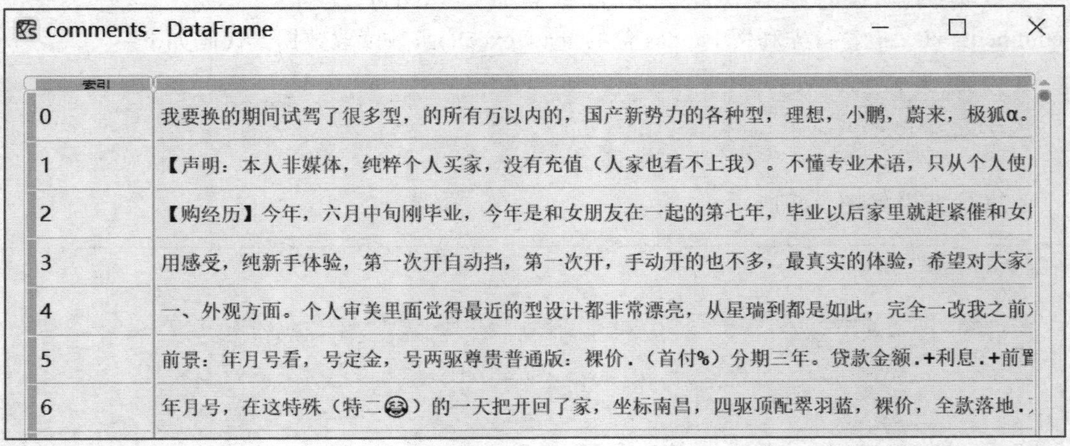

索引	
0	我要换的期间试驾了很多型，的所有万以内的，国产新势力的各种型，理想，小鹏，蔚来，极狐α。
1	【声明：本人非媒体，纯粹个人买家，没有充值（人家也看不上我）。不懂专业术语，只从个人使
2	【购经历】今年，六月中旬刚毕业，今年是和女朋友在一起的第七年，毕业以后家里就赶紧催和女
3	用感受，纯新手体验，第一次开自动挡，第一次开，手动开的也不多，最真实的体验，希望对大家
4	一、外观方面。个人审美里面觉得最近的型设计都非常漂亮，从星瑞到都是如此，完全一改我之前
5	前景：年月号看，号定金，号两驱尊贵普通版：裸价.（首付%）分期三年。贷款金额.+利息.+前置
6	年月号，在这特殊（特二😊）的一天把开回了家，坐标南昌，四驱顶配翠羽蓝，裸价，全款落地.

图 9-3　数据简单预处理

从以上执行结果可以看出，处理之后的文本评论数据是 6199 条，相比原始数据少了 1261 条重复数据，数据更加"干净"。

9.2.3　中文分词

中文分词是将中文汉字序列拆分为单个的字或者词语。由于中文语句没有空格等可以被用来分隔字词的标记，且双字词和多字词较多，使得中文分词难度比英文分词难度大得多。目前使用较多的中文分词工具有 jieba、SnowNLP、HanLP、NLPIR 等。本节使用 Python 中的 jieba 库实现文本评论数据中文分词。

1. jieba 库安装

由于 Anaconda 没有集成 jieba 中文分词库，因此需要另行安装。jieba 库的安装有多种方式。这里主要介绍如下两种方式。

（1）全自动安装。依次打开"开始菜单"→Anaconda3→Anaconda Prompt，在打开的窗口中输入命令 pip install jieba 即可下载安装，如图 9-4 所示。此种安装方式是最常用也是最简单的，但因从 jieba 官方网站下载安装包，下载速度可能较慢。

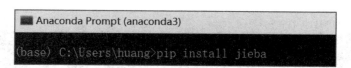

图 9-4　jieba 全自动安装

（2）半自动安装。打开 jieba 官方网站：https://pypi.org/project/jieba/#files，下载安装包，如图 9-5 所示。

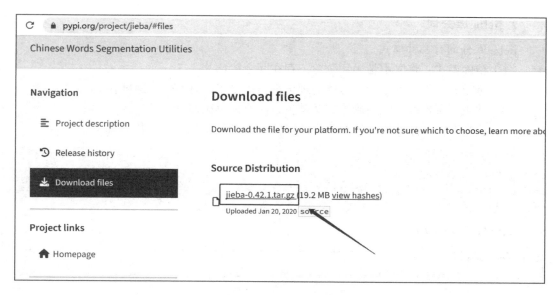

图 9-5　jieba 下载界面

将下载的压缩包解压到 anaconda 安装目录下的 pkgs 目录下，如图 9-6 所示。

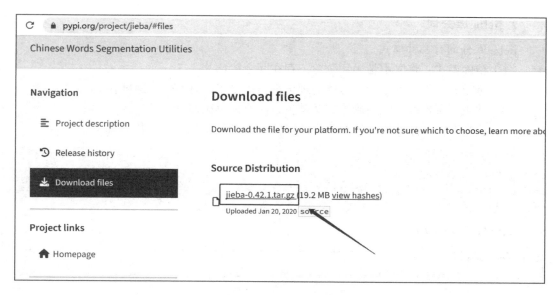

图 9-6　jieba 解压界面

依次打开"开始菜单"→Anaconda3→Anaconda Prompt，在打开的窗口中输入命令"cd 'jieba 库文件夹路径'"，回车，输入命令 python setup.py install 即可安装，如图 9-7 所示。

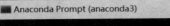

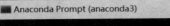

图 9-7　jieba 输入指令界面

以上步骤执行完成后，重新打开 Anaconda Prompt 窗口输入命令 conda list jieba 即可确认安装成功。

2. jieba 库分词

jieba 库分词有 3 种模式。

（1）精确模式：将文本精确切分，不存在冗余单词。

（2）全模式：将文本中所有可能的词语都扫描出来，有冗余，速度快。

（3）搜索引擎模式：在精确模式基础上，对长词再次切分。

一般情况下，选择默认的精确模式，使用 cut() 函数实现分词，代码如下。

```
##中文分词
import jieba
comments['评论分词']=comments['评论内容'].apply(lambda x:list(jieba.
cut(x)))
```

执行结果如图 9-8 所示。

图 9-8　分词

从以上执行结果可以看出，已经将评论内容进行了分词，但分出的词中有很多的符号、空格等与数据分析无关的词，因此需要进行去停用词处理。

9.2.4　去停用词

停用词是指在信息检索中，为节省存储空间和提高搜索效率，在处理文本数据之前或之后会自动过滤掉某些字或词，这些字或词即被称为停用词（stop words）。如以上图 9-8 所示，分词后所见的一些符号、表情、语气助词、副词、介词、连接词等，通常自身并无明确的意义，因此需要将这部分词尽可能去除。

这些停用词都是人工输入、非自动化生成的，生成后的停用词会形成一个停用词表。但是，并没有一个明确的停用词表能够适用于所有的工具。因此，本节在下载的停用词表基础上，结合对文本评论数据分词观察后所得，更新得到停用词表“stopwords2023.txt”。

读取停用词表后，对停用词表简单处理后进行去停用词，代码如下。

```
##去停用词
#读取停用词文件"stopwords2023.txt"
with open('stopwords2023.txt','r',encoding='utf-8') as f:
    stop=f.readlines()
#简单处理停用词表
import re
stop=[re.sub(' |\n|\ufeff','',r) for r in stop]
#去停用词
comments['有效分词']=[[i for i in s if i not in stop] for s in comments
['评论分词']]
#将预处理后的评论数据输出为 Excel 文件保存
comments.to_excel('comments_after.xlsx')
```

执行结果如图 9-9 所示。

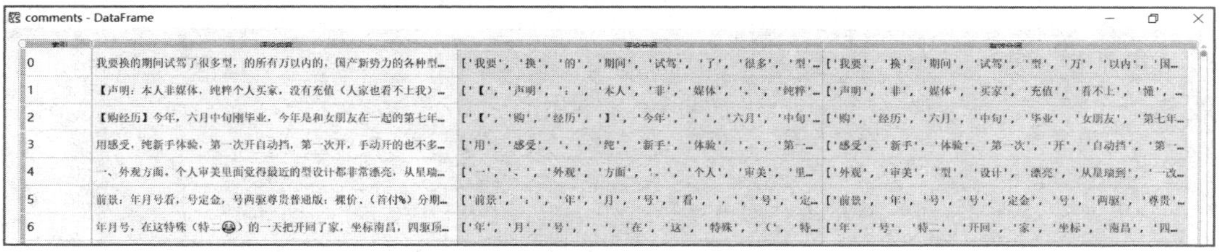

comments - DataFrame

0	我要换的期间试驾了很多型，的所有万以内的，国产新势力的各种型…	['我要', '换', '的', '期间', '试驾', '了', '很多', '型'…	['我要', '换', '期间', '试驾', '型', '万', '以内', '国…
1	【声明：本人非媒体，纯粹个人买家，没有充值（人家也看不上我）…	['【', '声明', '：', '本人', '非', '媒体', '，', '纯粹'…	['声明', '非', '媒体', '买家', '充值', '看不上', '懂', …
2	【购经历】今年，六月中旬刚毕业，今年是和女朋友在一起的第七年…	['【', '购', '经历', '】', '今年', '，', '六月', '中旬'…	['购', '经历', '六月', '中旬', '毕业', '女朋友', '第七年…
3	用感受，纯新手体验，第一次开自动挡，第一次开，手动开的也不多…	['用', '感受', '，', '纯', '新手', '体验', '，', '第一…	['感受', '新手', '体验', '第一次', '开', '自动挡', '第一…
4	一、外观方面，个人审美里面觉得最近的型设计都非常漂亮，从星瑞…	['一', '、', '外观', '方面', '，', '个人', '审美', '里…	['外观', '审美', '型', '设计', '漂亮', '从星瑞到', '一改…
5	前景：年月号看，号定金，号两驱尊贵普通版：裸价，（首付%）分期…	['前景', '：', '年', '月', '号', '看', '，', '号', '定…	['前景', '年', '号', '号', '定金', '号', '两驱', '尊贵'…
6	年月号，在这特殊（特二😂）的一天把开回了家，坐标南昌，四驱顶…	['年', '月', '号', '，', '在', '这', '特殊', '（', '特…	['年', '号', '特二', '开回', '家', '坐标', '南昌', '四…

图 9-9　去停用词

9.3　词云图可视化分析

词云图（word cloud）又称文字云，是一种文本数据的图片视觉表达方式，是由词汇组成类似云的图形，用于展示大量文本数据。本节使用 Python 中的 wordcloud 库实现词云图可视化。

1. wordcloud 库安装

由于 Anaconda 没有集成 wordcloud 词云库，因此需要另行安装。安装方式同 jieba 库，这里不再另行展示。

视频 9.3　词云图可视化分析微课视频

2. wordcloud 词云图可视化

wordcloud 库将词云当作一个 WordCloud 对象，wordcloud.WordCloud()代表一个文本对应的词云，可以根据文本中词语出现的频率等参数绘制词云图，词云的形状、尺寸和颜色均可以设置。WordCloud()的部分参数及相应的说明如表 9-1 所示。

表 9-1   WordCloud()参数及相应说明

参　　数	说　　明
font_path	指定字体文件的路径，Windows 操作系统中字体路径 C:\Windows\Fonts
width	画布的宽度，默认 400 像素
heigth	画布的高度，默认 200 像素
mask	指定词云形状，默认为长方形
max_words	指定词云显示的最大词数量，默认 200
background_color	指定词云图片的背景颜色，默认为黑色

注：更多更详细参数及相应说明，可使用 Spyder 帮助查看帮助文档。

构建词云图，代码如下。

```
##词云图可视化分析
#导入 WordCloud 和 Pyplot 模块
from wordcloud import WordCloud
import matplotlib.pyplot as plt
#词频统计
num_words=[''.join(i) for i in comments['有效分词']]
num_words=''.join(num_words)
num_words=re.sub(' ','',num_words)
#计算全部词频
num=pd.Series(jieba.lcut(num_words)).value_counts()
#绘制词云图
wc_pic=WordCloud(background_color='white',max_words=50,font_path=r'C
:\Windows\Fonts\simhei.ttf').fit_words(num)
plt.figure()
plt.imshow(wc_pic)
plt.axis('off')
plt.show()
```

执行结果如图 9-10 所示。

图 9-10   词云图

从以上词云图可以看出，用户对于吉利星越 L 汽车的关注点主要是空间、油耗、动力、外观、内饰、配置等功能特征，且用户评论中"满意""喜欢"等正面评价较为突出。

9.4　关键词共现分析

共现分析是将各种信息载体中的共现信息定量化的分析方法，可揭示信息的内容关联和特征项所隐含的共现关系。该方法能挖掘出一个主题词语与另一个主题词语之间在统一领域的关联性。由于基于词频统计的词云图可视化分析仅分析了众多关键词在文本评论数据中出现的频数，无法反映出这些关键词之间的关联性。因此，需要进一步进行关键词共现分析。共现分析的原理是在词频统计的基础上进行聚类分析，从而挖掘出文本的主题结构。

视频 9.4　关键词共现分析微课视频

实现关键词共现分析的步骤如下。

（1）提取关键词。

（2）构建关键词共现矩阵。

（3）构建关键词语义网络图。

9.4.1　提取关键词

基于上述经过预处理后保存的评论数据文件 comments_after.xlsx，读取后进行关键词提取。代码如下。

```
##关键词共现分析
#提取频数前20位关键词
from tkinter import _flatten
cut_word_list=list(map(lambda x: ''.join(x),comments['有效分词']. to-list()))
content_str=' '.join(cut_word_list).split()
word_fre=pd.Series(_flatten(content_str)).value_counts()
word_freq=word_fre[0:20]
keywords_freq=word_freq[0:20].index
#查看关键词
print(keywords_freq)
```

执行结果如图 9-11 所示。

```
In [73]: print(keywords_freq)
Index([''油耗'', ''空间'', ''动力'', ''驾驶'', ''开'', ''内饰'', ''高速'', ''买'',
       ''满意'', ''配置'', ''感受'', ''喜欢'', ''不错'', ''外观'', ''跑'', ''高'',
       ''座椅'', ''后排'', ''真的'', ''模式''],
```

图 9-11　频数前 20 位关键词

9.4.2 构建关键词共现矩阵

共现矩阵，也称为关联矩阵、共词矩阵，是用来描述不同对象（词语）之间共现关系的一种矩阵表示方法。在自然语言处理中，共现矩阵广泛应用于词汇的语义分析和文本的聚类等任务。共现矩阵的每一行/每一列代表一个关键词，矩阵中的每个元素表示该关键词与关键词之间的共现次数。

根据提取出频数排前 20 位的关键词，构建关键词共现矩阵，代码如下。

```
#构建关键词共现矩阵
import numpy as np
matrix = np.zeros((len(keywords_freq)+1)*(len(keywords_freq)+1)).reshape
(len(keywords_freq)+1, len(keywords_freq)+1).astype(str)
matrix[0][0] = np.NaN
matrix[1:, 0] = matrix[0, 1:] = keywords_freq
matrix

cont_list = [cont.split() for cont in cut_word_list]
for i, w1 in enumerate(word_freq[0:20].index):
    for j, w2 in enumerate(word_freq[0:20].index):
        count = 0
        for cont in cont_list:
            if w1 in cont and w2 in cont:
                if abs(cont.index(w1)-cont.index(w2)) == 0 or abs(cont.
index(w1)-cont.index(w2)) == 1:
                    count += 1
        matrix[i+1][j+1] = count

#存储关键词共现矩阵
kwdata = pd.DataFrame(data=matrix)
kwdata.to_csv('关键词共现矩阵.csv', index=False, header=None, encod-
ing='utf-8-sig')

#查看关键词共现矩阵
kwdata= pd.read_csv('关键词共现矩阵.csv')
kwdata .index = kwdata .iloc[:, 0].tolist()
kwdata_ = kwdata .iloc[:20, 1:21]
kwdata_.astype(int)
```

执行结果如图 9-12 所示。

索引	'油耗'	'空间'	'动力'	'驾驶'	'开'	'内饰'	'高速'	'买'	'满意'	'配置'	'感受'	'喜欢'	'不错'	'外观'	'跑'	'高'	'座椅'	'后排'	'真的'	'模式'
'油耗',	1782	13	18	13	36	4	74	9	35	8	6	6	26	2	36	133	0	1	8	4
'空间',	13	1662	57	20	5	48	0	9	44	49	13	13	38	42	5	29	11	102	27	0
'动力',	18	57	1602	10	14	20	20	2	39	45	58	10	48	20	7	18	1	0	6	8
'驾驶',	13	20	10	1539	3	4	15	2	13	13	564	6	23	3	7	7	7	5	7	85
'开',	36	5	14	3	12...	1	28	5	7	5	26	13	14	1	4	17	4	1	5	5
'内饰',	4	48	20	4	1	1368	1	4	25	52	1	57	35	159	0	16	2	2	12	0
'高速',	74	0	20	15	28	1	1244	0	5	1	6	5	10	0	198	10	0	0	6	5
'买',	9	9	2	2	4	0	0	989	9	20	4	9	9	18	4	6	1	0	2	2
'满意',	35	44	39	13	7	25	5	9	1131	17	9	14	7	41	2	3	4	8	6	2
'配置',	8	49	45	13	5	52	1	20	17	1125	2	13	22	28	0	92	4	1	10	0
'感受',	6	13	58	564	26	2	6	4	9	2	1091	4	38	17	3	1	5	3	3	1
'喜欢',	6	13	10	6	13	57	5	9	14	13	4	1005	9	45	0	1	5	3	18	1
'不错',	26	38	48	23	1	35	10	9	7	22	38	7	1001	26	1	0	8	10	18	1
'外观',	2	42	20	4	1	159	0	18	41	28	17	45	26	1068	0	7	0	0	8	1
'跑',	36	5	7	7	4	0	198	4	2	0	3	0	7	0	888	5	0	0	2	6
'高',	133	29	18	7	17	16	10	6	3	92	1	2	0	7	5	10...	6	2	13	0
'座椅',	0	11	1	7	4	2	0	1	4	4	5	2	8	0	0	0	874	47	2	0
'后排',	1	102	0	5	1	2	0	0	8	1	3	3	10	0	0	2	47	824	2	1
'真的',	8	27	6	7	5	12	6	2	6	10	9	18	8	2	13	2	2	2	687	4
'模式',	4	0	8	85	5	0	5	0	2	0	1	2	1	1	6	0	0	1	4	572

图 9-12　构建关键词共现矩阵

9.4.3　构建关键词语义网络图

基于语义关系的可视化利用句法结构分析、语义关系分析以及自语言理解等技术方法在词频分析的基础上，挖掘词语间的内在语义联系后以可视化形式呈现，在研究产品购买的文本评论数据时，语义网络图常被用于提取用户购买产品的关注点。常用的可视化形式如树状图、网络图等。

Networkx 作为一个图论与复杂网络建模工具，基于 Python 语言，内部配置了标准的图与复杂网络的分析算法，能够胜任仿真建模、复杂网络数据分析等工作。本节使用 Networkx 构建关键词语义网络图，代码如下。

```python
#构建关键词语义网络图
import matplotlib.pyplot as plt
import networkx as nx
plt.rcParams['font.sans-serif'] = ['KaiTi']
plt.rcParams['axes.unicode_minus'] = False
plt.figure(figsize=(7, 7),dpi=512)
graph1 = nx.from_pandas_adjacency(kwdata_)
```

```
    nx.draw(graph1, with_labels=True, node_color='blue', font_size=25,
edge_color='tomato')
    plt.show()
```

执行结果如图 9-13 所示。

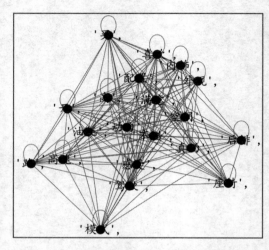

图 9-13   关键词语义网络图

从图 9-12 和图 9-13 可以看出，共现次数较高的关键词对包括（空间，后排）（油耗，高）（驾驶，感受）（外观，内饰）（跑，高速）（配置，高）（驾驶，模式）等，另外，较多的用户在空间、动力、外观、油耗方面感到满意，在内饰、外观方面感到喜欢，在空间、动力、内饰方面感到不错。

本 章 小 结

本章以吉利汽车用户在线评论数据为例，从需求分析开始，对在线评论数据进行读取和重复值、空值及无效词等简单预处理，然后进行中文分词与去停用词处理，对处理之后的评论数据进行基于词频的词云图可视化分析，最后对频数排前 20 位的关键词进行共现分析，挖掘出用户所关注的汽车特征的内在关联。

教师服务

感谢您选用清华大学出版社的教材！为了更好地服务教学，我们为授课教师提供本书的教学辅助资源，以及本学科重点教材信息。请您扫码获取。

>> 教辅获取

本书教辅资源，授课教师扫码获取

>> 样书赠送

管理科学与工程类重点教材，教师扫码获取样书

 清华大学出版社

E-mail: tupfuwu@163.com
电话：010-83470332 / 83470142
地址：北京市海淀区双清路学研大厦 B 座 509

网址：https://www.tup.com.cn/
传真：8610-83470107
邮编：100084